全国一级造价工程师职业资格考试辅导用书

建设工程造价案例分析
通关技巧＋详解考点

《建设工程造价案例分析通关技巧＋详解考点》编委会　主编

中国城市出版社

图书在版编目（CIP）数据

建设工程造价案例分析通关技巧＋详解考点/《建设
工程造价案例分析通关技巧＋详解考点》编委会主编. —
北京：中国城市出版社，2023.6
全国一级造价工程师职业资格考试辅导用书
ISBN 978-7-5074-3614-3

Ⅰ.①建…　Ⅱ.①建…　Ⅲ.①建筑造价管理-案例-
资格考试-自学参考资料　Ⅳ.①TU723.3

中国国家版本馆 CIP 数据核字（2023）第 100845 号

由于案例分析考试题型灵活、有深度，更侧重于应用，掌握公式、理解知识点是通过的必要条件，本书涵盖通关技巧篇、考题分布篇、详解考点篇。全书汇总目前一级造价工程师案例分析科目所有考点，从投资决策、设计阶段、招标投标阶段、施工阶段到竣工结算阶段。考生通过三篇内容，了解案例分析科目的学习思路、考查深度和方向；全面复习案例分析，在此书指导下可以更准确地理解公式、知识点。

本书适用于备考一级造价工程师案例分析科目的考生学习使用，也适用于造价相关从业人员参考借鉴。

本书未特别说明的，单位均为 mm。

责任编辑：徐仲莉　王砾瑶
责任校对：芦欣甜

全国一级造价工程师职业资格考试辅导用书
建设工程造价案例分析通关技巧＋详解考点
《建设工程造价案例分析通关技巧＋详解考点》编委会　主编

＊

中国城市出版社出版、发行（北京海淀三里河路 9 号）
各地新华书店、建筑书店经销
北京科地亚盟排版公司制版
天津翔远印刷有限公司印刷

＊

开本：787 毫米×1092 毫米　1/16　印张：8　字数：197 千字
2023 年 6 月第一版　　2023 年 6 月第一次印刷
定价：**49.00** 元（赠视频课程）
ISBN 978-7-5074-3614-3
（904642）

目　　录

第一篇　通关技巧篇

一、一级造价工程师学习顺序

在开始复习一级造价工程师之前，一定要了解各科考查方向和深度。编委会在授课中了解到考生更习惯"凭感觉"学习，一级造价工程师（以下简称"一造"）职业资格考试包括四个科目，分别是《建设工程造价管理》（以下简称《管理》）、《建设工程计价》（以下简称《计价》）、《建设工程技术与计量》（以下简称《技术与计量》）及《建设工程造价案例分析》（以下简称《案例分析》）。前三个科目是《案例分析》的基础，所以考生普遍选择从前三个科目开始学习。但前三个科目考查方向、深度与《案例分析》截然不同，学完这三个科目对《案例分析》帮助甚微。

推荐考生备考顺序是《案例分析》→《技术与计量》→《计价》与《管理》，这样安排的原因有以下两点：

1. 考题角度：其他三个科目只是与《案例分析》在知识点上有重叠；但考题类型、考题深度与方向皆不相同。

2. 时间角度：《案例分析》是四个科目中最难的科目，从最难的科目入手，以防后期复习时间紧张。

二、案例分析备考指导

（一）《案例分析》考题特点

1. 常规型考点：占比 62％，符合考题深度及类型，属于常规知识点，普遍为历年真题和教材例题相应知识点。

2. 重复型考点：占比 22％，属于历年真题或教材例题原题型。如 2021 年、2020 年、2019 年第四题质量保证金采用保函形式；2021 年、2020 年第二题对中标候选人有异议，招标人应如何处理。

3. 新增考点：占比 16％，历年真题和教材例题未涉及的知识点及题型。如 2022 年第一题利用增量分析法选择最优方案；2020 年第一题计算运营期第 2 年产量盈亏平衡点；2022 年第二题中考虑建设期的年值计算；2022 年第三题中被列为失信被执行人的投标人，直接否决其投标，不进入评标环节。

（二）复习方法

《案例分析》的学习重在围绕教材例题和历年真题所涉及的知识点进行深入学习，但不局限于历年真题和教材例题的考题形式，而要通过训练将知识点理解、掌握、应用，最终突破及格线。在此给大家几点建议：

1. 厘清各章节中价的组成。《案例分析》就是在考查各阶段价的组成，例如第一章属于建设项目投资决策阶段，最终形成的价就是财务评价，按财务评价形成过程求解。厘清各章节中价的组成有助于考生建立解题思路。即使遇到新颖题型，也有解题思路。

2. **准确把握各章节考点范围及深度。**本书把各章节知识点进行汇总并详解，有助于考生更准确地理解知识点，各章节配有强化训练。

3. **摆脱机械式做题。**考生做题普遍是在背题，更愿意记住"解题步骤"，而不愿意"理解解题思路和掌握解题技巧"。编委会建议大家在学习中要更注重思考，学会建立各章节中价的组成知识体系，灵活掌握知识点。

三、如何突破识图难关

（一）案例分析考查识图特点

1. 考查非常见几何体。如2012年圆台、2018年的辅助侧板、2022年的三角体；出题人侧重考查不常见的几何体，注重识图能力的考查。

2. 采用线条方式考查识图能力。如2010年土石方工程、2011年楼梯工程、2016年装饰工程、2021年水池混凝土工程；2021年水池混凝土工程中绘制了梁、板、柱剖面图，而考生更熟悉梁、板、柱平面图。本题难点在于如何确定剖面图中各条线对应的构件。

（二）注重分析构件各投影面

1. 识图关键点：通过各投影面确定构件尺寸。

2. 当平面、剖面图形不一样时，考生很难想象出构件的轮廓，这也是工程计量部分不容易得分的根本原因。出题人最爱选择考查这类图形，在前期学习阶段，考生要注重分析构件各投影面的联系，学会通过各投影面确定构件尺寸。

第二篇　考题分布篇

第一章　建设项目投资估算与财务评价

考点		年份	2009	2010	2011	2012	2013	2014	2015	2016	2017	2018	2019	2020	2021	2022
建设项目投资估算		建设投资	√		√		√	√		√		√				
		建设期利息		√	√	√	√	√	√	√	√		√	√	√	
		流动资金													√	
不考虑融资方案		财务基础数据	√	√				√				√				√
	盈利能力	总投资收益率										√				
		投资现金流量表	√				√					√				
		产量盈亏平衡点						√								
考虑融资方案		财务基础数据		√	√	√	√		√	√	√		√	√	√	
	盈利能力	总投资收益率				√										
		资本金净利润率						√			√		√			
		资本金现金流量表		√	√				√							
	偿债能力	偿债备付率				√			√		√		√	√	√	
	抗风险能力	产量盈亏平衡点												√		
	累计盈余资金							√								
	多方案选择	增量分析法														√

第二章　工程设计、施工方案技术经济分析

考点		年份	2009	2010	2011	2012	2013	2014	2015	2016	2017	2018	2019	2020	2021	2022
比选方法	寿命周期法	现值法				√									√	
		年费用法	√				√				√					√
		费用效率法														
	综合评分法					√									√	
	价值工程法		√				√		√		√			√	√	
	决策树法	一级决策树法											√			
		二级决策树法							√							
	因素方程法				√											

3

续表

考点 ＼ 年份		2009	2010	2011	2012	2013	2014	2015	2016	2017	2018	2019	2020	2021	2022
成本改进				√			√				√				√
成本、利润	成本利润率						√								√
	不含税造价														
	产值利润率								√						
网络图应用及工期优化（自2017年后属于第五章考点）							√	√							

第三章 工程计量与计价

考点 ＼ 年份			2009	2010	2011	2012	2013	2014	2015	2016	2017	2018	2019	2020	2021	2022
工程计量部分—分部分项工程																
土石方工程		平整场地				√										
		挖一般土方、挖沟槽土方、挖基坑土方			√		√									
		基础回填			√	√										
		余方弃置			√											
地基处理与边坡支护工程	地基处理	水泥粉煤灰碎石桩						√								
		深层搅拌桩、粉喷桩														
		褥垫层														
	边坡支护	钢板桩														
		钢支撑														
		锚杆（锚索）、土钉						√								
		喷射混凝土（水泥砂浆）														
桩基础工程		预制桩														
		灌注桩						√				√				
混凝土及钢筋混凝土基础工程	现浇混凝土工程	现浇混凝土垫层	√			√			√			√	√		√	√
		带形基础、独立基础、满堂基础、桩承台基础	√			√			√			√	√		√	√
		现浇混凝土柱 ＼ 矩形柱											√		√	
		现浇混凝土柱 ＼ 异形柱										√				

续表

考点			2009	2010	2011	2012	2013	2014	2015	2016	2017	2018	2019	2020	2021	2022
混凝土及钢筋混凝土基础工程	现浇混凝土工程	现浇混凝土梁 基础梁							✓							
		现浇混凝土梁 矩形梁													✓	
		现浇混凝土墙													✓	
		现浇混凝土板													✓	
		现浇混凝土楼梯			✓											
	预制混凝土工程						✓									
	钢筋工程						✓	✓	✓			✓	✓		✓	✓
装饰工程	门窗工程	门窗套								✓						
		门、窗								✓						
	楼地面装饰工程	整体面层														
		块料面层								✓						
		踢脚线														
	墙、柱面装饰工程	墙面块料面层								✓						
		柱（梁）面镶贴块料														
	天棚工程	天棚吊顶								✓						
	金属工程											✓			✓	
工程计量部分—单价措施项目																
脚手架工程	综合脚手架															
	外脚手架、里脚手架															
	悬空脚手架、满堂脚手架										✓					
混凝土模板及支架	基础模板（含垫层）								✓			✓				
	柱模板															
	梁模板								✓							
	墙模板															
	板模板															
	其他构件模板											✓				
垂直运输																
超高施工增加																
大型机械设备进出场																
施工排水、降水																
工程计价部分																
计价方式	工程量清单计价	综合单价							✓						✓	
		综合单价分析表		✓	✓	✓		✓			✓			✓		
		要素消耗量							✓		✓					✓
		分部分项工程和单价措施项目清单计价表	✓	✓	✓	✓	✓	✓	✓	✓	✓	✓		✓	✓	✓
		工程造价	✓	✓			✓	✓		✓		✓		✓	✓	
	实物量法	要素消耗量											✓			
		工程造价											✓			

第四章 建设工程招标投标

考点			2009	2010	2011	2012	2013	2014	2015	2016	2017	2018	2019	2020	2021	2022
招标阶段																
招标方式	公开招标	招标公告						√								
		资格预审公告														
	邀请招标				√											
资格预审文件	资格预审文件发售时间															
	提交资格预审申请文件时间															
	资格预审文件澄清、修改时间															
	对资格预审文件提出异议时间															
	资格预审				√			√								
招标文件的组成							√									
招标文件—投标人须知	招标文件使用文本													√		
	招标文件发售时间				√	√										
	提交投标文件时间			√												
	招标文件澄清、修改时间															
	对招标文件提出异议时间									√						
	投标有效期、投标保证金		√			√	√	√	√		√	√				√
	踏勘现场、投标预备会					√				√						
	评标委员会建立				√										√	
	评标标准								√							
招标文件—工程量清单、招标控制价、合同条款	工程量清单						√		√		√					
	招标控制价	依据							√							
		编制			√				√		√					
		其他规定					√	√	√			√				√
	合同条款					√				√	√			√		
限制潜在投标人					√			√	√		√					
投标阶段																
联合体投标				√										√		√
编制投标文件	复核工程量						√									
	投标文件编制	依据								√						√
		编制分部分项工程及单价措施项目清单计价表							√	√	√	√	√	√		
		编制总价措施项目清单计价表												√		
		编制其他项目清单计价表							√		√		√	√		
		投标合计														

续表

考点		年份	2009	2010	2011	2012	2013	2014	2015	2016	2017	2018	2019	2020	2021	2022
编制投标文件	投标策略							√								
其他规定	不得投标						√									
其他规定	递交、修改、撤回投标文件			√							√					
其他规定	拒收投标文件															
开标、评标阶段																
开标阶段	开标规定															
评标阶段	清标									√						
评标阶段	评标规定	评标时间规定						√								√
评标阶段	评标规定	评标方法规定								√					√	
评标阶段	初步评审	资格条件									√					√
评标阶段	初步评审	投标文件澄清、说明、补正					√									
评标阶段	初步评审	报价算术错误修正									√					
评标阶段	初步评审	视为串通投标				√				√						
评标阶段	初步评审	否决投标			√	√	√		√	√			√			√
评标阶段	初步评审	评标标准														
评标阶段	详细评审	综合评估法	√								√					
评标阶段	详细评审	经评审的最低投标报价														
确定中标人、签订中标合同阶段																
公示中标候选人														√		
确定中标人	国有资金确定中标人													√	√	
发出中标通知书、提交招标投标报告	发出中标通知书															
发出中标通知书、提交招标投标报告	提交招标投标报告规定															
签订中标合同	履约担保								√							
签订中标合同	签订中标合同				√		√						√			√
签订中标合同	退还投标保证金				√		√									

第五章　工程合同价款管理

考点			年份	2009	2010	2011	2012	2013	2014	2015	2016	2017	2018	2019	2020	2021	2022
判断索赔事件	索赔事件成立			√	√	√	√		√	√	√			√			
判断索赔事件	索赔事件不成立			√	√	√	√		√	√	√			√	√	√	√
索赔工期及网络图应用	双代号网络图	索赔工期	总包	√		√	√	√		√	√	√	√	√	√	√	
索赔工期及网络图应用	双代号网络图	索赔工期	分包（或平行）							√	√						

续表

考点			年份→	2009	2010	2011	2012	2013	2014	2015	2016	2017	2018	2019	2020	2021	2022
索赔工期及网络图应用	双代号网络图	批准工期												✓			
		实际工期				✓	✓	✓		✓				✓			✓
		时间参数的计算和应用									✓			✓	✓		
		补充虚、实工作				✓		✓				✓		✓		✓	
		流水施工										✓		✓			
		绘制时标网络图													✓		
	双代号时标网络图	索赔工期	总包						✓								
			分包(或平行)														
		批准工期							✓								
		实际工期															
		时间参数的计算和应用															
		绘制进度前锋线							✓								
索赔费用及规定	总包索赔费用	引起分部分项工程费调整	工程量增加	✓		✓	✓	✓	✓		✓	✓	✓	✓	✓	✓	✓
			价格调整						✓					✓	✓		
			窝工、闲置费用	✓		✓	✓	✓			✓	✓		✓			✓
		引起措施项目费调整	分部分项工程费									✓	✓			✓	✓
			仅发生措施项目费			✓									✓		
		不可抗力事件					✓			✓		✓					
	分包索赔费用	分包专业	发包人原因导致分包索赔费用							✓							
		非分包人原因引起索赔费用								✓							
		专业工程结算价															
	平行施工单位索赔费用												✓				
	奖罚费用						✓		✓			✓		✓		✓	✓
	合同价款调整额					✓			✓								
	价款调整规定	法律法规变化			✓												
		工程变更										✓					
		项目特征不符															
		工程量清单缺项															
		工程量偏差		✓													
		物价变化		✓													
		暂估价			✓									✓			
		不可抗力事件			✓												

第六章　工程结算与决算

考点		年份	2009	2010	2011	2012	2013	2014	2015	2016	2017	2018	2019	2020	2021	2022
开工前		合同价	√	√	√	√	√	√	√	√	√	√	√	√	√	√
		预付款	√	√	√	√	√	√	√	√	√	√	√	√	√	√
		开工前应支付安全文明施工费（或措施项目费）工程款	√				√	√		√	√	√	√	√	√	√
进度		综合单价						√		√	√		√		√	
	进度款	某月应支付进度款	√			√	√	√	√	√	√	√			√	√
		累计应支付进度款（或工程款）		√	√								√	√		
	偏差分析	进度偏差				√		√	√	√	√	√	√		√	√
		费用偏差							√						√	√
	增值税额	可抵扣进项税额									√	√		√		
		销项税额									√	√				
		应纳增值税额									√	√				
竣工结算	增减额	分部分项工程费、措施项目费（或合同价）增减额											√		√	√
		专业工程（或合同价）增减额											√			
		合同价增减额				√					√	√		√		√
		实际总造价				√	√			√	√	√	√			√
		竣工结算尾款				√	√	√		√	√	√	√	√	√	√

第三篇 详解考点篇

第一章 建设项目投资估算与财务评价

（一）汇总考点

1. 建设项目投资估算
   - 1.1 建设投资估算（一般考点）
   - 1.2 建设期利息（重要考点）
   - 1.3 流动资金估算（一般考点）

2. 财务基础数据计算
   - 2.1 借款还本付息（重要考点）
   - 2.2 总成本费用（重要考点）
   - 2.3 应纳增值税额、增值税附加（重要考点）
   - 2.4 利润总额、所得税（或调整所得税）、净利润（重要考点）

3. 财务评价
   - 3.1 盈利能力（重要考点）
   - 3.2 偿债能力（重要考点）
   - 3.3 抗风险能力（重要考点）

系数估算法

（二）详解考点

1. 建设项目投资估算

1.1 建设投资估算（一般考点）

组成	内容		公式	详解要点
建设投资估算	工程费用	（1）设备及工器具购置费	（1）生产能力指数法：$C_2 = C_1\left(\dfrac{Q_2}{Q_1}\right)^n \times f$ 式中： C_2——拟建项目的工程费/专业工程费/静态投资额； C_1——类似项目的工程费/专业工程费/静态投资额； Q_2——拟建项目生产能力； Q_1——类似项目生产能力； n——生产能力指数； f——综合调整系数。	（1）生产能力指数法适用情况： 1）已知产量："类似项目生产能力"及"拟建项目生产能力"。 2）已知上涨率："每年平均造价指数递增%"。 （2）系数估算法适用情况： 1）已知其他专业占设备购置费比例："已建类似项目建筑工程费、安装工程费等占设备购置费比例"。 2）各专业综合调整系数："不同建设时间、地点而产生的定额、价格、费用标准等差异调整系数"。 （3）以上为生产能力指数法和系数估算法在题目中的适用条件，依据题目出现的条件选择适用的方法；特别是两种方法的综合调整系数表述不同
		（2）建筑安装工程费	（2）系数估算法：$C = E(1 + f_1 p_1 + f_2 p_2 + \cdots)$ 式中： C——拟建项目工程费； E——拟建项目设备购置费； $p_1,\ p_2 \cdots$——已建成类似项目中建筑安装工程费及其他工程费等与设备购置费的比例； $f_1,\ f_2 \cdots$——不同建设时间、地点而产生的定额、价格、费用标准等差异调整系数	

续表

组成	内容	公式	详解要点
建设投资估算	工程建设其他费用	已知或未知，依据已知条件求解	
	预备费	(1) 基本预备费	基本预备费＝(工程费用＋工程建设其他费用)×基本预备费费率	
		(2) 价差预备费	价差预备费 $PF = \sum_{t=1}^{n} I_t \left[(1+f)^m (1+f)^{t-1} (1+f)^{0.5} - 1 \right]$ 式中： PF——价差预备费； n——建设期年份数； I_t——建设期第 t 年的静态投资计划额，包括工程费用、工程建设其他费用及基本预备费； f——年涨价率，年均价格上涨率； m——建设前期年限	(1) 价差预备费从编制期到建设期因价格变动而产生的不可预见费用。 (2) 与生产能力指数法、系数估算法中综合调整系数的时间段不同

1.2 建设期利息（重要考点）

公式	详解要点		
		借款类型	利息的产生	利息的计算
建设期利息	(1) $q_j = \sum_{j=1}^{n} \left(P_{j-1} + \frac{1}{2} A_j \right) \times i$ 式中： q_j——建设期第 j 年应计利息； P_{j-1}——建设期第 $(j-1)$ 年年末累计贷款本金与利息之和； A_j——建设期第 j 年贷款金额； i——年有效利率。 (2) $i = (1+r/m)^m - 1$ 式中： i——有效利率； r——名义利率； m——年内计息次数	建设投资借款	(1) 借款期利息	看"借款"，期初累计借款＋当年新增借款/2 (1) 建设期不还本金也不付息，期初累计借款＝累计借款本金＋累计借款利息，累计借款全额计息。 (2) 当年新增借款产生时刻点占全年一半，因此当年新增借款按一半计息
			(2) 还款期利息	看"借款余额"，年内借款余额＝期初借款余额
		流动资金借款	(1) 借款期利息	看"借款"，期初累计借款＋当年新增借款 (1) 流动资金借款每年付息，累计借款只有累计借款本金。 (2) 因流动资金投资特点，在期初投资，因此当年新增借款按全年计息
			(2) 还款期利息	流动资金还款在运营期年末一次性还款，不产生还款利息

11

1.3 流动资金估算（一般考点）

公式	详解要点
流动资金估算	（1）分项详细估算法 1）当年所需流动资金＝当年流动资产－当年流动负债。 　①当年流动资产＝应收账款＋现金＋存货＋预付账款。 　②当年流动负债＝预收账款＋应付账款。 2）当年投入流动资金＝当年所需流动资金－累计投入流动资金。 （2）扩大指标估算法 1）当年所需流动资金＝单位所需流动资金×当年产量。 2）当年投入流动资金＝当年所需流动资金－累计投入流动资金	（1）当年所需流动资金与当年投入流动资金的区别： 1）当年所需流动资金指满足正常生产运营所需的周转资金。 2）由于流动资金在运营期各年循环使用，当年投入流动资金指在累计投入流动资金基础上尚需增加的资金。 （2）分项详细估算法： 1）应收账款＝$\dfrac{\text{年经营成本（含进项税额）}}{\text{年周转次数}}$。 2）现金＝$\dfrac{\text{年工资福利费＋年其他费用}}{\text{年周转次数}}$。 3）存货＝外购原材料、燃料、动力费＋在产品＋产成品（存货通常已知，较少涉及计算）。 4）预付账款＝$\dfrac{\text{年预付账款}}{\text{年周转次数}}$。 5）应付账款＝$\dfrac{\text{年外购原材料、燃料、动力费}}{\text{年周转次数}}$

2. 财务基础数据计算

2.1 借款还本付息（重要考点）

	公式	详解要点
借款还本付息—建设投资借款	（1）等额还本，利息照付（等额本金） 1）每年应还本金＝建设期本利和/还款年限。 2）每年应付利息＝期初借款余额×有效利率。 3）第 t 年期初借款余额＝建设期本利和－$\sum_{(t-1)}$ 应还本金	应付利息计算基数：运营期年末偿还本金，年末时刻点前没有偿还当年本金。因此年内借款余额＝期初借款余额＝建设期本利和－$\sum_{(t-1)}$ 应还本金
	（2）等额还本付息（等额本息） 1）每年应还等额本息：$A = P \times (A/P, i, n) = P \times \dfrac{(1+i)^n \times i}{(1+i)^n - 1}$。 2）每年应付利息＝期初借款余额×有效利率。 3）第 t 年期初借款余额＝建设期本利和$-\sum_{t-1}$ 应还本金。 4）每年应还本金＝A－每年应付利息	（1）等额还本付息方式计算思路 1）第一步：计算等额还本付息（A）。 2）第二步：计算应付利息（每年应付利息）。 3）第三步：计算应还本金。 （2）等额还本付息易错点：等额还本付息指建设投资借款采用等额还本付息方式，因此"A－应付利息"中应付利息是建设投资借款在运营期利息，不包括流动资金利息
	（3）最大偿还能力 1）每年应还本金＝净利润＋折旧费＋摊销费 2）每年应付利息＝期初借款余额×有效利率 3）第 t 年期初借款余额＝建设期本利和－$\sum_{t-1}$ 应还本金	 财务基础数据

续表

公式	详解要点
借款还本付息—流动资金借款	（1）应付利息＝（期初累计借款＋当年新增借款)×有效利率。 （2）期初累计借款＝期初累计借款本金。 （3）应还本金＝运营期累计借款本金。	（1）借款特点：运营期期末一次性偿还本金。 （2）利息计算基数：期初累计借款和当年新增借款。具体如下： 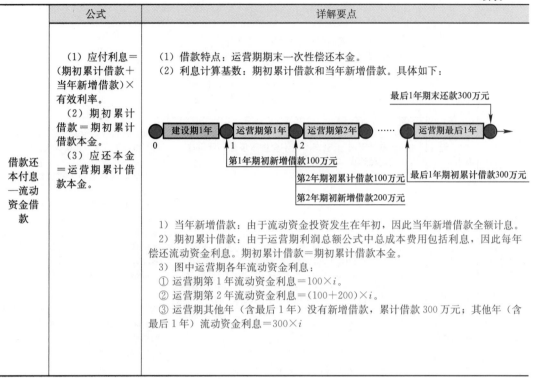 1）当年新增借款：由于流动资金投资发生在年初，因此当年新增借款全额计息。 2）期初累计借款：由于运营期利润总额公式中总成本费用包括利息，因此每年偿还流动资金利息。期初累计借款＝期初累计借款本金。 3）图中运营期各年流动资金利息： ① 运营期第 1 年流动资金利息＝$100 \times i$。 ② 运营期第 2 年流动资金利息＝$(100＋200) \times i$。 ③ 运营期其他年（含最后 1 年）没有新增借款，累计借款 300 万元；其他年（含最后 1 年）流动资金利息＝$300 \times i$。

2.2 总成本费用（重要考点）

公式	详解要点
总成本费用—折旧费、摊销费	折旧费＝$\dfrac{\text{固定资产原值}－\text{残值}}{\text{折旧年限（设计使用年限）}}$ （1）固定资产原值＝建设投资－建设投资可抵扣进项税额－无形资产原值＋建设期利息。 （2）残值＝固定资产原值×残值率	根据建设投资组成，建设投资可形成固定资产、无形资产、其他资产。固定资产原值计算如下： （1）若建设投资只形成固定资产：建设投资除可抵扣进项税后形成固定资产部分＝建设投资－建设投资可抵扣进项税额。 （2）若建设投资形成固定资产和无形资产：建设投资除可抵扣进项税后形成固定资产部分＝建设投资－建设投资可抵扣进项税额－无形资产原值。
	摊销费＝$\dfrac{\text{无形资产}}{\text{摊销年限}}$	公式前提： （1）建设期利息形成固定资产，不形成无形资产。 （2）"建设投资除税后形成无形资产"指无形资产原值。例如：建设投资除税后形成无形资产 120 万元，无形资产摊销年限 10 年。摊销费＝$\dfrac{120}{10}＝12$（万元）

续表

		公式	详解要点
总成本费用—经营成本、利息、维持运营投资	(1) 经营成本	(1) 题目不涉及固定经营成本和可变成本 1) 经营成本与生产能力成正比；第1年经营成本不同于正常年经营成本。 2) 第1年经营成本（不含进项税额）=第1年达到设计生产能力百分比×正常年经营成本（不含进项税额）	
		(2) 题目涉及固定经营成本和可变成本（如产量盈亏平衡点计算）。经营成本（不含进项税额）=可变成本+固定经营成本	(1) 经营成本构成由固定经营成本和可变成本组成，按构成法计算。 (2) 固定经营成本：不随生产能力变化，运营期各年固定经营成本相等。 (3) 利用正常年经营成本求解固定经营成本：若已知正常年经营成本及可变成本单价，固定经营成本=正常年经营成本-可变成本单价×设计生产能力（公式中数据均不含可抵扣进项税额）
	(2) 利息	运营期应付利息，见2.1借款还本付息	
	(3) 维持运营投资	已知	若某年发生，按题目条件计入总成本费用
	(4) 总成本费用	(1) 题目不涉及固定经营成本和可变成本 运营期某年总成本费用=折旧费+摊销费+经营成本+运营期利息+维持运营投资 (2) 题目涉及固定经营成本和可变成本 1) 运营期某年总成本费用=固定成本+可变成本。 2) 固定成本=折旧费+摊销费+固定经营成本+运营期利息+维持运营投资。 3) 可变成本=可变成本单价×当年产量	

2.3 应纳增值税额、增值税附加（重要考点）

		公式	详解要点
应纳增值税额、增值税附加	(1) 应纳增值税额	(1) 建设投资有可抵扣进项税额 1) 运营期第1年应纳增值税额=当期销项税额-当期进项税额-可抵扣固定资产（建设投资）进项税额。 2) 运营期第2年应纳增值税额=当期销项税额-当期进项税额-上一期未抵扣完进项税额。 3) 运营期第3年及以后应纳增值税额=当期销项税额-当期进项税额 (2) 建设投资无可抵扣进项税额 运营期各年应纳增值税额=当期销项税额-当期进项税额	(1) 增值税税率：增值税税率是计算增值税额的税率，不是计算应纳增值税额的税率。 (2) 销项税额、进项税额：都属于增值税额，通常进项税额已知，销项税额未知。 (3) 销项税额的计算： 1) 销项税额=不含税营业收入×增值税税率。 2) 销项税额=$\dfrac{\text{含税营业收入}}{(1+\text{增值税税率})}$×增值税税率
	(2) 增值税附加	增值税附加=应纳增值税额×增值税附加率	

2.4 利润总额、所得税（或调整所得税）、净利润（重要考点）

		公式	详解要点
利润总额（税前利润）、所得税（或调整所得税）	（1）利润总额（税前利润）	利润总额(税前利润)＝营业收入(不含销项税额)＋补贴收入－增值税附加－总成本费用(不含进项税额)	因利润总额不含增值税额，因此公式中营业收入、总成本费用中经营成本不含增值税
	（2）所得税（或调整所得税）	（1）不考虑融资方案 1）调整所得税＝应纳税所得额×所得税税率。 2）因考题特点，不考虑融资方案背景的各年利润总额均为正，因此应纳税所得额＝利润总额 （2）考虑融资方案 1）所得税＝应纳税所得额×所得税税率。 2）应纳税所得额＝利润总额－弥补以前年度亏损	（1）息税前利润与税前利润的区别 1）息税前利润出现在考虑融资方案下，息税前利润＝运营期利息＋利润总额。 2）因不考虑融资方案不发生利息，所以不考虑融资方案下不涉及息税前利润，不考虑融资方案下的税前利润按利润总额公式计算。 （2）考虑融资方案 1）考虑融资方案背景下利润总额会发生亏损，通常仅在运营期第1年发生亏损。根据运营期第1年情况，第2年应纳税所得额公式如下： ①若运营期第1年发生亏损，第2年应纳税所得额＝第2年利润总额－第1年亏损。 ②若运营期第1年未发生亏损，第2年应纳税所得额＝第2年利润总额。 2）其他年（运营期第3年及以后）应纳税所得额＝当年利润总额
净利润（税后利润）		净利润(税后利润)＝利润总额－所得税	详解运营期第1年净利润： （1）不考虑融资方案，运营期第1年净利润＝利润总额×75％。 （2）考虑融资方案 1）运营期第1年发生亏损，利润总额为负。 ①运营期第1年所得税＝0。 ②运营期第1年净利润＝利润总额，净利润为负，净利润≠0。 2）运营期第1年不发生亏损。 ①运营期第1年所得税＝利润总额×所得税税率。 ②运营期第1年净利润＝利润总额×75％

3. 财务评价
3.1 盈利能力（重要考点）

公式	详解要点
盈利能力—总投资收益率 $ROI=\dfrac{EBIT}{TI}$ 式中： ROI——总投资收益率； $EBIT$——项目达到设计生产能力后正常年份的息税前利润或运营期内平均息税前利润； TI——项目总投资，包括建设投资、建设期利息、全部流动资金。 逆向求解思路：利用利润总额(税前利润)公式求解不含税销售单价 逆向求解 ← 利润总额 → 净利润 → 财务评价 顺向求解 盈利能力	（1）按题目背景划分 1）不考虑融资方案（融资前）： 总投资收益率＝$\dfrac{税前利润}{建设投资＋流动资金}$ 2）考虑融资方案（融资后）： 总投资收益＝$\dfrac{运营期利息＋税前利润}{建设投资＋流动资金＋建设期利息}$ （2）公式中建设投资不扣除可抵扣进项税额 （3）考题类型 1）顺向求解：按不同（融资前、后）方案计算总投资收益率。 2）逆向求解：实现总投资收益率，计算不含税销售单价。具体求解思路如下： ①第一步：按不同（融资前、后）方案计算满足要求税前利润。 ②第二步：以利润总额（税前利润）公式求解不含税销售单价
盈利能力—资本金净利润率 $ROE=\dfrac{NP}{EC}$ 式中： ROE——资本金净利润率； NP——项目达到设计生产能力后正常年份的年净利润或运营期内年平均净利润； EC——项目资本金；包括建设投资资本金及流动资金资本金。 逆向求解思路：利用利润总额(税前利润)公式求解不含税销售单价 逆向求解 ← 利润总额 → 净利润 → 财务评价 顺向求解	考题类型： （1）顺向求解：按计算年数据代入公式求解。资本金指建设投资和流动资金的自有资金；其中自有流动资金不按发生年计入分母。从整个建设项目角度考虑，发生自有流动资金就计入分母。 （2）逆向求解：实现资本金净利润率，计算不含税销售单价。具体求解思路如下： 1）第一步：计算满足条件的净利润，净利润＝资本金×资本金净利润率。 2）第二步：计算利润总额，利润总额（税前利润）＝净利润/75%；（题目条件满足净利润＝税前利润/75%）。 3）第三步：以利润总额（税前利润）公式求解不含税销售单价

续表

		序号	项目	公式	详解要点
投资现金流量表	现金流入	1	现金流入	填写求和值	
		1.1	营业收入（不含销项税额）	（1）已知正常年营业收入 第1年营业收入（不含销项税额）＝正常年营业收入（不含销项税额）×达到设计生产能力百分比 （2）已知不含税销售单价 第1年营业收入（不含销项税额）＝销售单价（不含销项税额）×设计生产能力×达到设计生产能力百分比 其他年不含税营业收入＝销售单价（不含销项税额）×设计生产能力	
		1.2	销项税额	营业收入（不含销项税额）×增值税税率	
		1.3	补贴收入	已知	若发生，仅在第1年发生
		1.4	回收固定资产余值	余值＝年折旧费×（固定资产使用年限－运营期年限）＋残值	仅在最后1年发生
		1.5	回收流动资金	已知或未知	仅在最后1年发生
	现金流出	2	现金流出	以求和值"正数"填写	共八项内容，记忆技巧如下： （1）两个投资：2.1～2.2。 （2）四个税：2.4、2.5、2.6、2.8。 （3）外加经营和维持
		2.1	建设投资	已知	填写时不扣除建设投资可抵扣进项税额，例如，建设投资2000万元（含可抵扣进项税300万元）按2000万元填写
		2.2	流动资金投资	已知或未知	
		2.3	经营成本（不含进项税额）	第1年经营成本（不含进项税额）＝设计生产能力百分比×正常年经营成本（不含进项税额） 第2年及以后年经营成本（不含进项税额）＝正常年经营成本（不含进项税额）	通常按经营成本与生产能力成正比计算
		2.4	进项税额	正常年已知，第1年未知。 第1年进项税额＝正常年进项税额×第1年达到设计生产能力百分比	此处指经营成本进项税额
		2.5	应纳增值税额	第1年应纳增值税额＝当期销项税额－当期进项税额－可抵扣固定资产进项税额 第2年应纳增值税额＝当期销项税额－上一年未抵扣完进项税额 第3年及以后应纳增值税额＝当期销项税额－当期进项税额	应纳增值税＜0时，此处为0
		2.6	增值税附加	应纳增值税额×增值税附加税率	
		2.7	维持运营投资	若发生，已知	
		2.8	调整所得税	利润总额×所得税税率	

续表

		序号	项目	公式	详解要点
投资现金流量表	净现金流量	3	所得税后净现金流量	1－2	
		4	累计所得税后净现金流量	3＋4（前1年累计所得税后净现金流量）	
		5	折现系数（i_c＝$X\%$）	$(1+i_c)^{-n}$（n 是计算期年限）	
		6	折现后净现金流量	3×5	
		7	累计折现后净现金流量	6＋7（前1年累计折现后净现金流量）	
资本金现金流量表	现金流入	1	现金流入	填写求和值	与投资现金流量表现金流入项目一致
		1.1	营业收入（不含销项税额）	已知正常年营业收入 第1年营业收入(不含销项税额)＝正常年营业收入(不含销项税额)×达到设计生产能力百分比 已知不含税销售单价 第1年营业收入(不含销项税额)＝销售单价(不含销项税额)×设计生产能力×达到设计生产能力百分比 其他年不含税营业收入＝销售单价(不含销项税额)×设计生产能力	
		1.2	销项税额	营业收入(不含销项税额)×增值税税率	
		1.3	补贴收入	已知	若发生，仅在第1年发生
		1.4	回收固定资产余值	余值＝年折旧费×(固定资产使用年限－运营期)＋残值	仅在最后1年发生
		1.5	回收流动资金	自有流动资金＋借款流动资金	不是仅回收自有流动资金
	现金流出	2	现金流出	以求和值"正数"填写	共十项内容，记忆技巧如下： (1) 四个投资：2.1～2.4，虽然2.3和2.4不属于投资，但是借款原因是因投资产生，计入其中。 (2) 四个税：2.6、2.7、2.8、2.10。 (3) 外加经营和维持
		2.1	自有建设投资	已知	只考虑自有资金投资，借款本金不计入
		2.2	自有流动资金	已知	
		2.3	应还本金	建设投资借款应还本金＋流动资金借款本金＋临时借款本金	(1) 建设投资借款偿还发生在运营期前几年。 (2) 流动资金借款偿还发生在运营期最后一年。 (3) 考试不涉及临时借款
		2.4	应付利息	建设投资借款在运营期利息＋流动资金利息＋临时借款利息	(1) 考试不涉及临时借款。 (2) 最后1年年末偿还流动资金借款，因此最后1年仍要计算流动资金利息
		2.5	经营成本（不含进项税额）		2.5～2.9与投资现金流量表填写原则一致
		2.6	进项税额		
		2.7	应纳增值税额		
		2.8	增值税附加		
		2.9	维持运营投资		
		2.10	所得税	应纳税所得额×所得税税率	

续表

资本金现金流量表	净现金流量	序号	项目	公式	详解要点
		3	所得税后净现金流量	1−2	
		4	累计所得税后净现金流量	3+4（前1年累计所得税后净现金流量）	
		5	折现系数（$i_c=X\%$）	$(1+i_c)^{-n}$（n 是计算期年限）	
		6	折现后净现金流量	3×5	
		7	累计折现后净现金流量	6+7（前1年累计折现后净现金流量）	

3.2 偿债能力（重要考点）

	公式		详解要点
偿债能力	（1）顺向求解：判断运营期第1年建设投资借款是否满足还款要求	（1）净利润＋折旧费＋摊销费－应还本金。 （2）偿债备付率： $$\frac{\text{息税前利润}＋\text{折旧费}＋\text{摊销费}－\text{所得税}}{\text{应还本金}＋\text{应付利息}}$$ 偿债能力、盈亏平衡点	（1）只需要判断本金是否满足还款要求；利息包含在总成本费用中，在计算利润总额时，已从营业收入中扣减相应利息。利息得到落实，因此只判断建设投资借款中本金是否满足还款要求。 （2）左侧两个公式都适用。 公式（1）：只判断本金； 公式（2）：除判断本金外，利息也判断了。 （3）通常只判断第1年偿债能力
	（2）逆向求解：不含税销售单价至少达到多少，运营期第1年建设投资借款满足还款要求	不含税销售单价至少达到多少，运营期第1年满足还款要求： （1）第一步：计算净利润，净利润＝应还本金−折旧费−摊销费。 （2）第二步：计算利润总额，利润总额＝净利润/75%。 （3）第三步：计算不含税销售单价，设不含税销售单价为 X $X×$第1年产量−总成本费用＋补贴收入＝利润总额	（1）只判断建设投资借款是否满足还款要求，流动资金借款在最后1年年末一次性偿还，不需要判断流动资金借款的偿债能力。 （2）通常只涉及第1年逆向求解。 （3）无论销售单价到达多少，运营期第1年应纳增值税额为负，增值税附加＝0

3.3 抗风险能力（重要考点）

	公式		详解要点
抗风险能力	产量盈亏平衡点	（1）运营期第2年产量盈亏平衡点 0＝单位产品售价(不含销项税额)×Q−年固定成本−单位产品可变成本×Q−[（单位产品售价×Q×增值税税率−单位产品进项税额×Q）−上一年可抵扣进项税额]×增值税附加率 式中： Q——产量盈亏平衡点。 （2）运营第3年及以后产量盈亏平衡点 0＝单位产品售价(不含销项税额)×Q−年固定成本−单位产品可变成本×Q−[（单位产品售价×Q×增值税税率−单位产品进项税额×Q）]×增值税附加率 式中： Q——产量盈亏平衡点	（1）计算思路：令利润总额＝0，以产量表示利润总额公式中的数据，求解盈亏平衡时产量。 （2）年固定成本 1）年固定成本＝固定经营成本＋折旧费＋摊销费＋运营期利息＋维持运营投资。 2）折旧费、摊销费、运营期利息、维持运营投资分别按公式计算。 3）由于各年固定经营成本相同，题目已知正常年经营成本，以正常年经营成本为基数计算固定经营成本：固定经营成本＝正常年经营成本−可变成本单价×正常年产量。 （3）增值税附加：在建设投资有可抵扣进项税额情况下，第2年与第3年及以后应纳增值税额不同，第2年应单独计算产量盈亏平衡点

（三）强化训练

【强化训练1】考虑融资方案下利润总额、所得税、净利润

1. 项目建设期为2年，运营期为7年，建设投资为4000万元（含可抵扣进项税额115万元）。建设投资全部形成固定资产，固定资产使用年限7年，残值率为4％。

2. 建设投资借款合同规定的还款方式为：运营期前4年等额还本，利息照付，借款利率为6％（按年计息）；项目流动资金估算为300万元，运营期第1年、第2年年初投入，在运营期末全部回收，年利率3％（按年计息）。

3. 项目的投资、收益、成本等基础测算数据见表1-1。

项目资金投入、收益及成本表（单位：万元） 表1-1

序号	年份／项目	1	2	3	4	5～9
1	建设投资 其中：自有资金 贷款本金	2000 1200 800	2000 800 1200			
2	流动资金 其中：自有资金 贷款本金			100 100	200 200	
3	年产销量（万件）			20	30	30

4. 设计生产能力为年产量30万件某产品，正常年经营成本为350万元（含进项税额55万元），运营期第1年经营成本、进项税额均为正常年份80％，以后年份均达到设计产能。产品含税售价51元/件。

5. 增值税税率为13％，增值税附加税率为12％，所得税税率为25％。

问题：判断第1年是否满足还款要求以及计算第2年净利润（计算过程和结果均保留两位小数）。

【答案解析】

1. 难度指数：☆☆

2. 本题考查内容：

（1）财务基础数据利润总额、所得税、净利润的计算。

（2）本题考查了"最容易出错点"：运营期第1年利润总额为负时，第1年的净利润＝利润总额；第2年的所得税基数应为利润总额弥补亏损以后。详见本篇"（二）详解考点第一章2.4利润总额、所得税（或调整所得税）、净利润"。

第一章 强化训练

【答案】

1. 判断第1年是否满足还款要求

（1）建设期第1年利息：$800×50％×6％＝24$（万元）。

（2）建设期第2年利息：$（800＋24＋1200×50％）×6％＝85.44$（万元）。

（3）建设期利息：$24＋85.44＝109.44$（万元）。

（4）建设期本利和：$2000＋109.44＝2109.44$（万元）。

（5）固定资产原值：$4000＋109.44－115＝3994.44$（万元）。

（6）折旧费：$\dfrac{3994.44\times(1-4\%)}{7}=547.81$（万元）。

（7）运营期前 4 年每年应还本金：$\dfrac{2109.44}{4}=527.36$（万元）。

（8）运营期第 1 年利息：$2109.44\times6\%=126.57$（万元）。

（9）运营期第 1 年总成本费用：$126.57+547.81+(350-55)\times80\%=910.38$（万元）。

（10）运营期第 1 年应纳增值税额：$51/1.13\times20\times13\%-55\times80\%-115=-41.65$（万元），应纳增值税额$=0$。

（11）运营期第 1 年利润总额：$51/1.13\times20-910.38=-7.73$（万元）。

（12）运营期第 1 年净利润：-7.73（万元）。

（13）运营期第 1 年可作为还款本金：$-7.73+547.81=540.08>527.36$，满足还款要求。

2. 第 2 年净利润

（1）运营期第 2 年利息：$(2109.44-527.36)\times6\%+200\times3\%=100.92$（万元）。

（2）运营期第 2 年总成本费用：$100.92+350-55+547.81=943.73$（万元）。

（3）运营期第 2 年应纳增值税额：$51/1.13\times30\times13\%-55-41.65=79.37$（万元）。

（4）运营期第 2 年增值税附加：$79.37\times12\%=9.52$（万元）。

（5）运营期第 2 年利润总额：$51/1.13\times30-943.73-9.52=400.73$（万元）。

（6）运营期第 2 年应纳税所得额：$400.73-7.73=393$（万元）。

（7）运营期第 2 年所得税：$393\times25\%=98.25$（万元）。

（8）运营期第 2 年净利润：$400.73-98.25=302.48$（万元）。

【强化训练 2】建设投资借款还完后正常年资本金净利润率

某新建建设项目基础数据如下：

1. 建设期 2 年，运营期 10 年，建设投资 3600 万元，预计全部形成固定资产包含可抵扣进项税额 120 万元；项目固定资产使用年限 12 年，残值率 5%，直线法折旧。

2. 建设投资来源为自有资金和贷款，贷款 2000 万元，年利率 6%（按年计息），贷款合同约定运营期第 1 年按项目最大偿还能力还款，运营期第 2~5 年将未偿还贷款等额本息偿还；自有资金和借款在建设期内均衡投入。

3. 流动资金 250 万元在运营期第 1 年年初投入，其中自有资金 50 万，年利率 3%（按年计息）。

4. 运营期间达产年份的经营成本为 280 万元（含进项税 25 万元），运营期达产年份不含税营业收入为 750 万元，增值税税率为 13%，增值税附加税率为 12%，所得税税率25%。

5. 运营期第 1 年达到设计产能的 80%，该年营业收入、经营成本、销项税额、进项税额均为达产年份的 80%，以后均达到设计产能。

问题：运营期还款（建设投资借款）后为正常年份，行业基准收益率 6%，计算正常年份的资本金净利润率并判断项目可行性（计算过程和结果均保留两位小数）。

【答案解析】

1. 难度指数：☆☆

2. 本题考查内容：

（1）正常年资本金净利润率的计算，资本金净利润率＝$\dfrac{\text{净利润}}{\text{资本金}}$。从公式角度理解，净利润有两种情况：

1）运营期各年平均净利润；

2）运营期正常年净利润。

（2）由于考虑融资方案运营期各年都有"因建设投资借款余额而产生的利息"，无论采用上述哪一种情况，各年净利润都不相等。

（3）从考试角度分析，资本金净利润率考查净利润相等的某个时间段；而这个时间段就是建设投资借款还完后的年份。

（4）资本金指建设投资和流动资金的自有资金；其中自有流动资金不按发生年计入分母；从建设项目角度考虑自有资金，发生则计入分母。详见本篇"（二）详解考点第一章 3.1 盈利能力中资本金净利润率顺向求解"。

【答案】

计算正常年份资本金净利润率：

（1）建设期第 1 年利息：$1000 \times 50\% \times 6\% = 30$（万元）。

（2）建设期第 2 年利息：$(1000 + 30 + 1000 \times 50\%) \times 6\% = 91.8$（万元）。

（3）建设期利息：$30 + 91.8 = 121.8$（万元）。

（4）建设期本利和：$2000 + 121.8 = 2121.8$（万元）。

（5）固定资产原值：$3600 + 121.8 - 120 = 3601.8$（万元）。

（6）折旧费：$\dfrac{3601.8 \times (1 - 5\%)}{12} = 285.14$（万元）。

（7）运营期正常年利息：$200 \times 3\% = 6$（万元）。

（8）运营期正常年总成本费用：$6 + 285.14 + 280 - 25 = 546.14$（万元）。

（9）运营期正常年增值税附加：$(750 \times 13\% - 25) \times 12\% = 8.7$（万元）。

（10）运营期正常年利润总额：$750 - 546.14 - 8.7 = 195.16$（万元）。

（11）运营期正常年净利润：$195.16 \times 75\% = 146.37$（万元）。

（12）运营期正常年份资本金净利润率：$\dfrac{146.37}{1600 + 50} = 8.87\% > 6\%$，项目可行。

【强化训练 3】不考虑融资方案下净现金流和总投资收益率

某新建建设项目基础数据如下：

1. 建设期 1 年，运营期 10 年，建设投资 2600 万元（可抵扣进项税额 102 万元），建设投资除税后形成无形资产 120 万元，其余全部形成固定资产。

2. 项目固定资产使用年限 10 年，残值率 5%，直线法折旧；无形资产使用年限 10 年。

3. 流动资金 250 万元在运营期第 1 年投入，运营期期末收回。

4. 投产当年政府补贴 80 万元，运营期间达产年份的经营成本为 280 万元（含进项税 25 万元），单位产品不含税销售单价为 550 元，达产年份产量 2 万件。增值税税率为 13%，增值税附加税率为 12%，所得税税率 25%。

5. 运营期第 1 年达到设计产能的 80%，该年营业收入、经营成本、销项税额、进项税额均为达产年份的 80%，以后均达到设计产能。运营期第 3～10 年为正常生产年份。

6. 行业基准收益率 10%，增值税税率为 13%，增值税附加税率为 12%，所得税税率 25%。

问题：

1. 计算计算期第 2、3 年及第 11 年净现金流。

2. 计算项目正常年份总投资收益率，并判断项目是否可行（计算过程和结果均保留两位小数）。

【答案解析】

1. 难度指数：☆☆

2. 本题考查内容：本题考查财务评价中投资现金流量表编制以及正常年总投资收益率的计算。

（1）净现金流的难点在计算期最后 1 年净现金流的编制，容易将现金流入中"回收固定资产余值、回收流动资金"两项遗漏。

（2）正常年总投资收益率不是指从运营期第 2 年开始；不考虑融资方案下总投资收益率 $=\dfrac{\text{税前利润}}{\text{建设投资}+\text{流动资金}}$，分子满足"税前利润"都相等的年份；从运营期第 3 年开始及以后的税前利润都相等，因此正常年总投资收益率指运营期第 3 年及以后。本题在题目最后也明确："运营期第 3～10 年为正常生产年份"。

【答案】

1. 计算期第 2、3 年及第 11 年净现金流。

（1）计算期第 2 年净现金流：

1）固定资产原值：2600－102－120＝2378（万元）。

2）折旧费：$\dfrac{2378\times(1-5\%)}{10}=225.91$（万元）。

3）固定资产余值：2378×5%＝118.9（万元）。

4）摊销费：$\dfrac{120}{10}=12$（万元）。

5）运营期第 1 年总成本费用：225.91＋12＋（280－25）×80%＝441.91（万元）。

6）运营期第 1 年应纳增值税额：550×2×80%×13%－25×80%－102＝－7.6（万元），应纳增值税额＝0。

7）运营期第 1 年利润总额：80＋550×2×80%－441.91＝518.09（万元）。

8）运营期第 1 年调整所得税：518.09×25%＝129.52（万元）。

9）计算期第 2 年净现金流：

① 现金流入：80＋550×1.13×2×80%＝1074.40（万元）。

② 现金流出：250＋280×80%＋129.52＝603.52（万元）。

③ 调整所得税后净现金流：1074.40－603.52＝470.88（万元）。

（2）计算期第 3 年净现金流：

1）运营期第 2 年总成本费用：225.91＋12＋280－25＝492.91（万元）。

2）运营期第 2 年应纳增值税额：550×2×13%－25－7.6＝110.4（万元）。

3）运营期第 2 年增值税附加：110.4×12%＝13.25（万元）。

4）运营期第 2 年利润总额：$550 \times 2 - 492.91 - 13.25 = 593.84$（万元）。

5）运营期第 2 年调整所得税：$593.84 \times 25\% = 148.46$（万元）。

6）计算期第 3 年净现金流：

① 现金流入：$550 \times 1.13 \times 2 = 1243$（万元）。

② 现金流出：$280 + 110.4 + 13.25 + 148.46 = 552.11$（万元）。

③ 调整所得税后净现金流：$1243 - 552.11 = 690.89$（万元）。

（3）计算期第 11 年净现金流：

1）运营期第 3～10 年总成本费用：$225.91 + 12 + 280 - 25 = 492.91$（万元）。

2）运营期第 3～10 年应纳增值税额：$550 \times 2 \times 13\% - 25 = 118.00$（万元）。

3）运营期第 3～10 年增值税附加：$118 \times 12\% = 14.16$（万元）。

4）运营期第 3～10 年利润总额：$550 \times 2 - 492.91 - 14.16 = 592.93$（万元）。

5）运营期第 3～10 年调整所得税：$592.93 \times 25\% = 148.23$（万元）。

6）计算期第 11 年净现金流：

① 现金流入：$550 \times 1.13 \times 2 + 118.9 + 250 = 1611.9$（万元）。

② 现金流出：$280 + 118 + 14.16 + 148.23 = 560.39$（万元）。

③ 调整所得税后净现金流：$1611.9 - 560.4 = 1051.51$（万元）。

2. 计算项目正常年份总投资收益率，并判断项目是否可行。

项目正常年总投资收益率：$\dfrac{592.93}{2600 + 250} = 20.80\% > 10\%$，项目可行。

【强化训练 4】不考虑融资方案下产量盈亏平衡点

某企业拟新建一工业产品生产线，项目可行性研究相关基础数据如下：

1. 项目建设期 1 年，运营期 9 年，建设投资 5500 万元（含可抵扣进项税额 150 万元）。建设投资除税后预计形成无形资产 540 万元，其余形成固定资产。固定资产使用年限 9 年，残值率为 4%。无形资产在运营期 9 年中均匀分摊。

2. 项目设计产量为 120 万件/年。单位产品不含税销售价格预计为 30 元，单位产品不含进项税可变成本估算为 5 元，单位产品平均可抵扣进项税估算为 2.4 元，正常达产年份的不含可抵扣进项税经营成本为 1958 万元。

3. 运营期第 1 年产量为设计产量的 70%，营业收入亦为达产年份的 70%，以后各年均达到设计产量。

4. 企业适用的增值税税率为 13%，增值税附加按应纳增值税的 10% 计算，企业所得税税率为 25%。

问题：

1. 列式计算折旧费、摊销费。

2. 列式计算运营期第 1 年应纳增值税额、经营成本、总成本费用、调整所得税。

3. 列式计算运营期第 2 年固定成本。

4. 列式计算运营期第 2 年的产量盈亏平衡点（计算过程和结果均保留两位小数）。

【答案解析】

1. 难度指数：☆☆☆

2. 本题考查内容：不考虑融资方案产量盈亏平衡点。

（1）产量盈亏平衡点解题原理：用产量表示利润总额公式中的数据，求解利润总额＝0时对应的产量。

（2）产量盈亏平衡点解题难点：固定成本的确定和可变成本的表示。

1）固定成本按构成法计算，本题中固定成本＝折旧费＋摊销费＋固定经营成本；固定经营成本的确定也是按照构成法计算，固定经营成本＋可变成本＝经营成本，可以依据正常年经营成本和正常年可变成本求解固定经营成本。

2）等式中可变成本是盈亏平衡时的可变成本，以可变成本单价×盈亏平衡产量表示可变成本。详见本篇"（二）详解考点第一章3.3产量盈亏平衡点"。

【答案】

1. 计算折旧费、摊销费。

（1）折旧费：

1）固定资产原值：$5500-150-540=4810.00$（万元）。

2）折旧费：$\dfrac{4810\times(1-4\%)}{9}=513.07$（万元）。

（2）摊销费：$\dfrac{540}{9}=60.00$（万元）。

2. 运营期第1年应纳增值税额、经营成本、总成本费用、调整所得税。

（1）运营期第1年应纳增值税额：$30\times120\times70\%\times13\%-2.4\times120\times70\%-150=-24.00$（万元）。

（2）运营期第1年经营成本：

1）运营期固定经营成本：$1958-5\times120=1358.00$（万元）。

2）运营期第1年经营成本：$1358+5\times120\times70\%=1778.00$（万元）。

（3）运营期第1年总成本费用：$513.07+60+1778=2351.07$（万元）。

（4）运营期第1年调整所得税：

1）运营期第1年利润总额：$120\times30\times70\%-2351.07=168.93$（万元）。

2）运营期第1年调整所得税：$168.93\times25\%=42.23$（万元）。

3. 运营期第2年固定成本：$513.07+60+1358=1931.07$（万元）。

4. 运营期第2年产量盈亏平衡点。

设运营期第2年盈亏平衡时产量为X：

$$30X-1931.07-5X-(30\times13\%X-2.4X-24)\times10\%=0$$

$$X=\frac{1931.07-24\times10\%}{30-5-30\times13\%\times10\%+2.4\times10\%}$$

$$X=77.61\text{（万件）}$$

【强化训练5】考虑融资方案下逆向求解

某企业拟新建一工业产品生产线，项目可行性研究相关基础数据如下：

1. 项目建设期1年，运营期8年，建设投资2500万元，预计全部形成固定资产（包含可抵扣固定资产进项税额120万元）。固定资产使用年限10年，残值率为4%。

2. 运营期第1年年初投入流动资金400万元，在运营期末全部回收。

3. 项目资金来源为自有资金和贷款，建设投资贷款为 1000 万元，年利率 8%（按年计息）。建设投资贷款合同约定运营期第 1~4 年等额还本，利息照付，自有资金和贷款在建设期内均衡投入。流动资金贷款为 200 万元，年利率 3%（按年计息）。

4. 项目投产第 1 年可获得当地政府扶持该产品生产的补贴收入 50 万元。

5. 项目设计产量为 20 万件/年。单位产品不含税销售价格预计为 55 元，单位产品可变成本估算为 14.5 元（含进项税 2.5 元），达产年份的不含可抵扣进项税经营成本为 580 万元。

6. 运营期第 1 年产量为设计产量的 80%，营业收入亦为达产年份的 80%，以后各年均达到设计产量。

7. 企业适用的增值税税率为 13%，增值税附加按应纳增值税的 12% 计算，企业所得税税率为 25%。

问题：

1. 列式计算建设期利息、折旧费。

2. 列式计算运营期第 1 年应纳增值税额，并判断运营期第 1 年是否满足还款要求。

3. 列式计算运营期第 2 年的产量盈亏平衡点。

4. 若想正常年（运营期第 5 年及以后）实现总投资收益率不低于 15%，则单位产品不含税销售价格至少应为多少元？（计算过程和结果均保留两位小数）

【答案解析】

1. 难度指数：☆☆☆☆

2. 本题考查内容：考虑融资方案产量盈亏平衡点和总投资收益率的逆向求解。

（1）产量盈亏平衡点与【强化训练 4】的解题原理和思路一致；唯一不同点：本题为考虑融资方案下的产量盈亏平衡点。详见本篇"（二）详解考点第一章 3.3 产量盈亏平衡点"。

（2）逆向求解总投资收益率：考虑融资方案下总投资收益率＝$\dfrac{\text{税前利润＋运营期利息}}{\text{建设投资＋建设期利息＋流动资金}}$，逆向求解步骤如下：

1）第一步：计算息税前利润。息税前利润＝（建设投资＋建设期利息＋流动资金）× 总投资收益率。

2）第二步：计算税前利润。息税前利润－运营期利息（因建设投资借款余额而产生的利息＋流动资金借款利息）＝税前利润（此步骤是解题关键）。

3）第三步：利用利润总额公式求解不含税销售单价

【答案】

1. 建设期利息、折旧费

（1）建设期利息：$1000/2×8\%＝40.00$（万元）。

（2）折旧费：

1）固定资产原值：$2500－120＋40＝2420.00$（万元）。

2）折旧费：$\dfrac{2420×(1-4\%)}{10}＝232.32$（万元）。

2. 判断运营期第 1 年是否满足还款要求

（1）运营期第 1 年应纳增值税额：$55×20×80\%×13\%－2.5×20×80\%－120＝$

−45.60（万元）。

（2）判断运营期第1年是否满足还款要求：

1）运营期固定经营成本：$580-12\times20=340.00$（万元）。

2）运营期第1年利息：$(1000+40)\times8\%+200\times3\%=89.20$（万元）。

3）运营期第1年总成本费用：$232.32+12\times20\times80\%+340+89.20=853.52$（万元）。

4）运营期第1年利润总额：$55\times20\times80\%-853.52+50=76.48$（万元）。

5）运营期第1年净利润：$76.48\times75\%=57.36$（万元）。

6）运营期第1年能作为还款的本金：$57.36+232.32>\dfrac{1040}{4}$，满足还款要求。

3. 运营期第2年产量盈亏平衡点

（1）运营期第2年利息：$(1040-260)\times8\%+200\times3\%=68.40$（万元）。

（2）运营期第2年固定成本：$232.32+340+68.40=640.72$（万元）。

（3）设运营期第2年产量盈亏平衡点为 X：

$$55X-640.72-12X-(55X\times13\%-2.5X-45.60)\times12\%=0$$

$$X=\frac{640.72-45.6\times12\%}{55-12-55\times13\%\times12\%+2.5\times12\%}$$

$$X=14.97（万件）$$

4. 总投资收益率不低于15%，不含税销售单价至少应为多少元？

若想正常年（运营期第5年及以后）实现总投资收益率不低于15%，则单位产品不含税销售价格至少应为多少元？

第一种方法，求解利润总额：

（1）正常年实现总投资收益率不低于15%，息税前利润：$15\%\times(2500+40+400)=441.00$（万元）。

（2）正常年利润总额：$441-200\times3\%=435.00$（万元）。

（3）正常年总成本费用：$232.32+580+200\times3\%=818.32$（万元）。

（4）设不含税销售单价为 X：

$$20X-818.32-(20X\times13\%-2.5\times20)\times12\%=435$$

$$X=\frac{435+818.32-2.5\times20\times12\%}{20-20\times13\%\times12\%}$$

$$X=63.35（元/件）$$

第二种方法，以息税前利润建立等式：

（1）正常年实现总投资收益率不低于15%，息税前利润：$15\%\times(2500+40+400)=441.00$（万元）。

（2）正常年（不含利息）总成本费用：$232.32+580=812.32$（万元）。

（3）设不含税销售单价为 X：

$$20X-812.32-(20X\times13\%-2.5\times20)\times12\%=441$$

$$X=\frac{441+812.32-2.5\times20\times12\%}{20-20\times13\%\times12\%}$$

$$X=63.35（元/件）$$

第二章 工程设计、施工方案技术经济分析

（一）汇总考点

1. 比选方法
 ├─1.1 寿命周期法（重要考点）
 ├─1.2 综合评分法（重要考点）
 ├─1.3 价值工程法（重要考点）
 └─1.4 决策树法（重要考点）

2. 成本改进—利用价值工程进行成本改进（重要考点）

3. 成本、利润
 ├─3.1 成本利润率（重要考点）
 ├─3.2 不含税造价（重要考点）
 └─3.3 产值利润率（重要考点）

（二）详解考点

等值计算

1. 比选方法

1.1 寿命周期法（重要考点）

公式	详解要点
（1）绘制三要素：时刻点、方向、长度。时刻点是绘制现金流量图的关键。 （2）绘制要点： 1）时间轴：整个时间轴表示系统的寿命周期。 2）时间单位：以年、月为单位依次标记。 3）现金流时刻点：案例分析考题通常在年末（月末）发生现金流入、流出。 4）现金流方向： ——时间轴上方的箭线 表示现金流入 ——时间轴下方的箭线 表示现金流出 5）现金流长度：垂直箭线的长度要能体现各时点现金流量的大小，在各箭线上方或下方注明现金流量的数值，数值不标记正负号	**考题类型** （1）类型一：建设期忽略不计（图2-1） 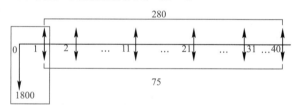 图2-1　建设期忽略不计 建设期忽略不计指"建设期时间忽略不计"，建设期现金流发生在0时刻点。 （2）类型二：考虑建设期（图2-2） 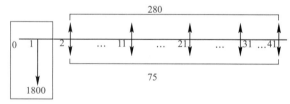 图2-2　考虑建设期 考虑建设期指"考虑建设期时间"，建设期现金流发生在建设期期末时刻点（图2-2中1时刻点）（遵循年末、月末发生现金流入、流出原则）

续表

公式	详解要点
P 值是折现至 0 时刻点的 P 值，按现金流类型划分如下： （1）已知 F，求 P：$P=F\times(P/F,i,n)$ 式中： P——折现至 0 时刻点的 P 值； n——终值时刻点同 0 时刻点差值。 （2）已知 A，求 P 特别说明：A 值折现不同于 F 值折现，F 值可以折现至任意时刻点；A 值只能折现至 A 值开始时刻点前一时刻点（见图 2-4，A 值开始时刻点是"3"，前一时刻点是"2"；A 值只能折现至 2 时刻点）。因此 A 值不能一次折现至 0 时刻点，针对 A 值折现特点分为两种情况： 1）一次折现——A 值在 0 点后"1"时刻点开始，见图 2-3； $P=A\times(P/A,i,n)$ 式中： P——折现至 0 时刻点的 P 值； n——A 值持续时间（图 2-3，$n=50$）。 2）多次折现——A 值不在 0 点后"1"时刻点开始，见图 2-4； $P=A\times(P/A,i,n)\times(P/F,i,n')$ 式中： P——折现至 0 时刻点的 P 值； n——A 值第一次折现，A 值持续时间（见图 2-4，$n=13-3+1=11$）； n'——A 值第二次折现，终值时刻点和 0 时刻点差值（见图 2-4，$n'=2-0=2$）	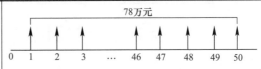 图 2-3　A 值在 1 时刻点开始 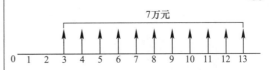 图 2-4　A 值在 1 时刻点以后开始 （1）（图 2-3）$P=A\times(P/A,i,n)=78\times(P/A,i,50)$ （2）（图 2-4）$P=A\times(P/A,i,n)\times(P/F,i,n')=7\times(P/A,i,11)\times(P/F,i,2)$
以 0 时刻点的 P 值等值计算整个寿命周期年费用，根据现金流特点，划分为"某一时刻点现金流"和"部分年份内发生年值"两种情况，具体如下： （1）某一时刻点现金流等值计算全寿命周期年费用，分为两种情况： 1）在 0 时刻点上现金流（图 2-5）：$A=P\times(A/P,i,n)$ 式中： A——整个寿命周期年费用； P——0 时刻点发生的现金流； n——整个寿命周期年限。 2）不在 0 时刻点上现金流（图 2-6）（现金流出 50 万元、150 万元）：$A=F\times(P/F,i,n')\times(A/P,i,n)$ 式中： A——整个寿命周期年费用； n'——F 值时刻点同 0 时刻点差值； n——整个寿命周期年限。 （2）部分年份内发生年值，等值计算全寿命周期年费用（图 2-6）步骤如下： 1）第一步：求 P 值，部分年份年值折现至 0 时刻点； 2）第二步：求整个寿命周期年费用，以 0 时刻点 P 值计算整个寿命周期年费用（见图 2-6 列式）	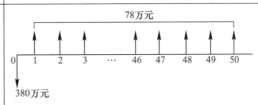 图 2-5　在 0 时刻点上现金流 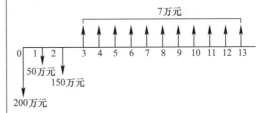 图 2-6　不在 0 时刻点上现金流 （1）（图 2-5）$A=P\times(A/P,i,n)=78-380\times(A/P,i,50)$ （2）（图 2-6）$A=-50\times(P/F,i,1)\times(A/P,i,13)-150\times(P/F,i,2)\times(A/P,i,13)-200\times(A/P,i,13)+7\times(P/A,i,11)\times(P/F,i,2)\times(A/P,i,13)$

公式	详解要点
寿命周期法—费用效率法 $$费用效率法＝\frac{工程年度系统效率}{工程年度寿命周期成本}$$	（1）实质：$\dfrac{年效果}{年成本}$ （2）年效果包括：年收入、年升值、年节约；余值（残值） （3）年成本包括：建设投资；年维修（运行）费用；大修费用

1.2 综合评分法（重要考点）

公式
综合评分法

（1）$S = \sum_{i=1}^{n} W_i S_i$

式中：

S——备选方案综合得分；

S_i——某方案在评价指标 i 上的得分；

W_i——评价指标 i 的权重；

n——评价指标数。

（2）在功能权重未知情况下，以打分方式确定功能权重

1）打分方式一：采用 0—1 评分法确定功能权重（重要性系数）。此种方法的题型特点：已知功能因素重要性排序，按排序打分，具体如下：

① 打分：根据各功能因素重要性之间的关系，将各功能因素一一对比，重要者得 1 分，不重要者得 0 分。自己与自己相比不得分。

② 修正得分：为防止功能因素得分中出现 0 分的情况，需要将各功能因素总得分分别加 1 进行修正，再计算其权重。

③ 计算功能重要性系数：最后用修正得分除以总得分即为功能权重。即：某项功能重要系数＝该功能修正得分/∑各功能修正得分

2）打分方式二：采用 0—4 评分法确定功能权重（重要性系数）。此种方法的题型特点：以文字表述各功能之间重要性，将各功能因素按重要性排序，具体如下：

① 排序：将各功能因素按重要性排序：

a. 两个功能因素之间属于一个功能因素很重要，另一个功能因素很不重要，两个功能因素之间用"≫"；

b. 两个功能因素之间属于一个功能因素较重要，另一个功能因素较不重要，两个功能因素之间用"＞"；

c. 两个功能因素同等重要，两个功能因素之间用"＝"。

② 打分。两个功能因素比较，其相对重要程度有以下三种基本情况：

如：$F_1 > F_2 > F_3 > F_4 = F_5$

a. 两个功能因素之间用"≫"，如上述 F_1 与 F_3，F_1 得 4 分；F_3 得 0 分。

b. 两个功能因素之间用"＞"，如上述 F_1 与 F_2，F_1 得 3 分。F_2 得 1 分。

c. 同样重要的功能因素各得 2 分。如上述 F_4 与 F_5，F_4 与 F_5 属于同等重要。

$F_4 = F_5 = 2$ 分。

③ 计算汇总各功能得分。

④ 计算功能重要性系数。某项功能重要性系数＝该功能得分/∑各功能得分

1.3 价值工程法（重要考点）

公式	详解要点
价值工程法	（1）$V=\dfrac{F}{C}=\dfrac{功能指数}{成本指数}$ （2）解题思路 1）计算各方案的功能指数（F_1）：各方案的功能指数＝该方案的功能加权得分/$\sum$各方案加权得分。 2）计算各方案的成本指数（C_1）：各方案的成本指数＝该方案的成本或造价/$\sum$各方案成本或造价。 3）计算各方案的价值指数（V_1）：各方案的价值指数＝该方案的功能指数/该方案的成本指数$\left(V_1=\dfrac{F_1}{C_1}\right)$。 4）方案选择：比较各方案的价值指数，选择价值指数最大的为最优方案（区别于成本改进中 $V=1$）	（1）实质：$\dfrac{方案的功能加权得分占比}{方案的成本占比}$ （2）功能指数解题思路 1）确定各项功能的功能重要性系数： 若功能重要性系数未知，运用 0—1 评分法、0—4 评分法对功能重要性评分，并计算功能重要性系数（即功能权重）。 2）计算各方案的功能加权得分： 根据专家对功能的评分表和功能重要性系数，分别计算各方案的功能加权得分。 3）计算各方案的功能指数（F_1）： 　　各方案的功能指数＝该方案的功能加权得分/$\sum$各方案加权得分。 （3）成本指数解题思路 1）按全寿命周期计算各方案成本。具体类型如下： ①考虑资金等值计算； ②不考虑资金等值计算。 2）计算各方案的成本指数（C_1）： 各方案的成本指数＝该方案的成本或造价/$\sum$各方案成本或造价

1.4 决策树法（重要考点）

公式	详解要点
决策树法——一级决策树	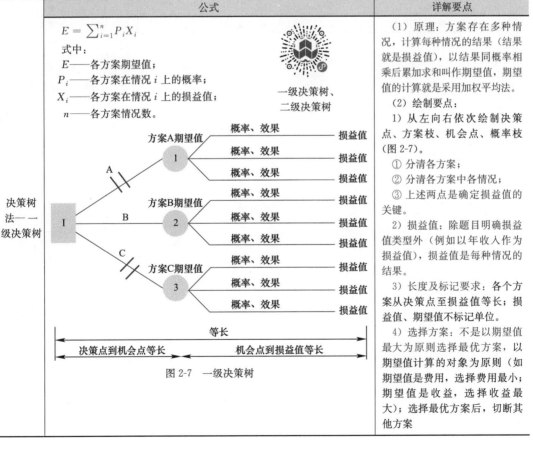	（1）原理：方案存在多种情况，计算每种情况的结果（结果就是损益值），以结果同概率相乘后累求和叫作期望值，期望值的计算就是采用加权平均法。 （2）绘制要点： 1）从左向右依次绘制决策点、方案枝、机会点、概率枝（图 2-7）。 ①分清各方案； ②分清各方案中各情况； ③上述两点是确定损益值的关键。 2）损益值：除题目明确损益值类型外（例如以年收入作为损益值），损益值是每种情况的结果。 3）长度及标记要求：各个方案从决策点至损益值等长；损益值、期望值不标记单位。 4）选择方案：不是以期望值最大为原则选择最优方案，以期望值计算的对象为原则（如期望值是费用，选择费用最小；期望值是收益，选择收益最大）；选择最优方案后，切断其他方案

$$E=\sum_{i=1}^{n}P_iX_i$$

式中：

E——各方案期望值；

P_i——各方案在情况 i 上的概率；

X_i——各方案在情况 i 上的损益值；

n——各方案情况数。

一级决策树、二级决策树

图 2-7　一级决策树

公式	详解要点
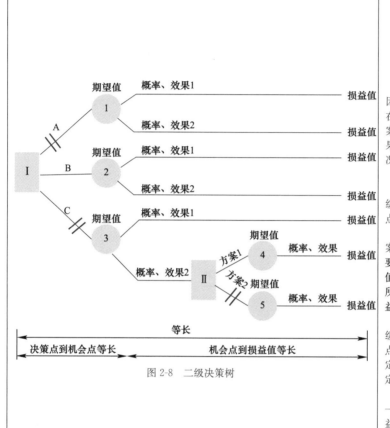 图 2-8　二级决策树	（1）原理：二级决策是因某个方案中某个情况存在多个方案（图 2-8 中方案 C 效果 2），此情况的结果无法确定，需要对此情况的多个方案进行决策。 （2）绘制步骤： 1）绘制一级决策：一级决策点—方案枝—机会点—概率枝。 2）确定一级决策各方案各情况的损益值：除需要二级决策情况外的损益值（图 2-8 中方案 A、B 所有效果及 C 效果 1 的损益值）。 3）绘制二级决策：二级决策点—方案枝—机会点—概率枝—损益值，确定最优方案；损益值的确定如下： ① 二级决策各方案只有一种情况（考题特点），损益值＝期望值； ② 损益值是二级决策方案的结果：图 2-8 中二级决策损益值分别是在方案 C 效果 2 情况下采用方案 1 的结果及采用方案 2 的结果； ③ 依据期望值确定最优方案。 4）确定二级决策后情况的损益值（图 2-8 中方案 C 效果 2 的损益值）：方案 C 效果 2 损益值＝二级决策中最优方案的期望值。 5）确定一级决策中各方案期望值，并选择最优方案，切断其他方案

决策树法—二级决策树

2. 成本改进

利用价值工程进行成本改进（重要考点）

公式	详解要点
成本改进　考题通常采用目标成本法进行成本改进，较少采用功能指数法进行成本改进。 （1）目标成本法实质：成本降低额＝目前成本－目标成本 1）通常目前成本已知。 2）目标成本：按功能重要性分摊总目标成本。 （2）解题思路 1）计算各项功能的功能指数 F_1（功能指数指功能重要性系数）： 功能指数 F_1＝该项功能得分/$\sum$各功能得分 2）根据功能指数和总目标成本，计算（匹配）各项功能的目标成本： 某项功能的目标成本＝该功能项目的功能指数 F_1×总目标成本 3）确定各项功能的成本降低额 ΔC：某项功能的成本降低额 ΔC＝该功能的目前成本－该功能的目标成本 4）确定成本改进顺序，（ΔC 大于零）ΔC 大者为优先改进对象	（1）考题采用表格形式，具体如下： （见下表） （2）上述阴影部分是计算成本降低额的关键数据。 （3）成本改进中功能指数与方案比选中功能指数的区别： 1）成本改进中功能指数＝$\dfrac{该功能得分}{\sum 各功能得分}$，功能指数是功能重要程度。 2）方案比选中功能指数＝$\dfrac{该方案功能加权得分}{\sum 各方案功能加权得分}$，功能指数是方案功能加权得分占所有方案加权得分比重

功能项目	功能评分	功能指数 F_1	目前成本（万元）	成本指数 C_1	价值指数 V_1	目标成本（万元）	成本降低额（万元）	功能改进顺序
桩基围护工程	10	0.1064	1520	0.1186	0.8971	1295	225	（1）
地下室工程	11	0.1170	1482	0.1157	1.0112	1424	58	（4）
主体结构工程	35	0.3723	4705	0.3672	1.0139	4531	174	（3）
装饰工程	38	0.4043	5105	0.3985	1.0146	4920	185	（2）
合计	94	1.0000	12812	1.0000		12170	642	

3. 成本、利润

3.1 成本利润率（重要考点）

公式	详解要点
成本利润率 （1）成本利润率＝$\dfrac{利润}{成本}$ （2）考题类型： 1）顺向求解：计算成本利润率。成本利润率＝$\dfrac{利润}{成本}$ ①解题思路：依据成本、利润求解成本利润率；若已知成本及不含税造价，利润未知：利润＝不含税造价－成本。 ②公式：成本利润率＝$\dfrac{利润}{成本}$ 2）逆向求解：欲实现目标利润率，则成本降低额为多少。 成本利润率＝$\dfrac{利润}{成本}$ ①解题思路：依据成本利润率求解成本降低额；因不含税造价不变（题目背景），目标利润＝不含税造价－（原成本－降低额）。 ②公式1：目标利润率＝$\dfrac{原利润＋降低额}{原成本－降低额}$ 或公式2：目标利润率＝$\dfrac{不含税造价－（原成本－降低额）}{原成本－降低额}$	（1）如何辨别考题考查的是成本利润率，还是产值利润率。 ①题目出现"成本利润率""实际利润率""目标利润率""利润率"，都是考查成本利润率。 ②题目出现"产值"二字，如"产值利润率""目标产值利润率""实际产值利润率"，考查产值利润率。 （2）考题背景： ①考题中涉及造价指不含税造价：不包括规费和税金在内的造价是不含税造价； ②不含税造价不变：成本降低额计入利润中，目标利润＝不含税造价－（原成本－降低额）

3.2 不含税造价（重要考点）

	公式	详解要点
不含税造价	考题类型：利用成本、利润求解不含税造价。不含税造价＝成本＋利润 （1）解题思路：通常成本和成本利润率已知，借助成本利润率公式，求解利润。利润＝成本×成本利润率。 （2）公式：不含税造价＝成本＋利润＝成本×（1＋成本利润率）	 成本利润率、产值利润率

3.3 产值利润率（重要考点）

	公式	详解要点
产值利润率	（1）产值利润率＝$\dfrac{利润}{产值（不含税造价）}$ （2）考题类型： 1）顺向求解：计算产值利润率，产值利润率＝$\dfrac{利润}{产值（不含税造价）}$ ① 解题思路：确定产值（不含税造价）和利润。若利润未知，产值（不含税造价）－成本＝利润。 ② 公式：产值利润率＝$\dfrac{利润}{产值（不含税造价）}$ 2）逆向求解：欲实现产值利润率，则成本降低额为多少。 产值利润率＝$\dfrac{利润}{产值（不含税造价）}$ ① 解题思路：不含税价不变（考题背景），成本降低额计入目标利润。 ② 公式1：产值利润率＝$\dfrac{原利润＋降低额}{产值（不含税造价）}$ 或公式2：产值利润率＝$\dfrac{产值（不含税造价）－（原成本－降低额）}{产值（不含税造价）}$	考题背景： （1）产值＝不含税造价。 （2）不含税造价不变。 不含税造价不变，成本降低额计入利润中。 目标利润＝不含税造价－（成本－降低额）

（三）强化训练

【强化训练1】价值工程、因素方程

投标人A针对5万 m^2 的模板项目提出了两种施工方案进行比选，人工除税单价为120元/工日。方案一的人工产量为5m^2/工日，其他总费用为150万元。方案二的人工产量为3m^2/工日，其他总费用为130万元。

若投标人A经过技术指标分析后得出方案一、方案二的功能指数分别为0.54和0.46，以单方模板费用作为成本比较对象，试用价值指数法选择较经济的模板方案。仅从成本角度考虑，方案二人工产量每工日至少提高到多少平方米以上时，才能采用方案二（计算过程和结果均保留三位小数）。

【答案解析】

1. 难度指数：☆☆☆

2. 本题考查内容：本题考查利用价值工程进行方案比选和单因素方程。

（1）价值工程的难点：确定各方案成本费用；人工单价（元/工日）×人工消耗量（工日/m^2）＝人工费用，已知产量定额（m^2/工日）；产量定额与时间定额互为倒数。

（2）单因素方程难点：建立等式。

【答案】

1. 使用价值指数法选择较经济的模板方案。

（1）方案一单方模板费用：

1）方案一单方人工费：120/5＝24（元/m^2）。

2）方案一单方其他费用：150/5＝30（元/m^2）。

3）方案一单方模板费用：24＋30＝54（元/m^2）。

（2）方案二单方模板费用：

1）方案二单方人工费：120/3＝40（元/m^2）。

2）方案二单方其他费用：130/5＝26（元/m^2）。

3）方案二单方模板费用：40＋26＝66（元/m^2）。

（3）比较价值指数：

第二章　强化训练1

1）方案一成本指数：$\dfrac{54}{54+66}=0.45$。

2）方案二成本指数：$\dfrac{66}{54+66}=0.55$。

3）方案一价值指数：$\dfrac{0.54}{0.45}=1.200$。

4）方案二价值指数：$\dfrac{0.46}{0.55}=0.836$。

（4）选择方案一模板方案。

2. 计算产量定额。

仅从总成本角度考虑，方案二人工产量每工日至少提高到多少 m^2 以上时，才能采用方案二。

设方案二每工日人工产量为 X m^2：

$5 \times 120 / X + 130 < 5 \times 24 + 150$

$5 \times 120 / X < 120 + 150 - 130$

$600 < 140X$

$X > 4.286$（m^2/工日）

【强化训练 2】一级决策树

投标人 B 拟投标一项采用固定总价承包方式的施工项目，合同工期为 12 个月。合同中规定，工期提前奖为 10 万元/月，误期损害赔偿金为 15 万元/月。经研究，投标人 B 提出投高价标和投低价标两种方案。认为该工程投高价标的中标概率为 40%，投低价标的中标概率为 60%。投高价标（不包括规费及税金）投标报价为 1800 万元，自报工期为 10 个月，每月施工成本为 60 万元；投低价标（不包括规费及税金）投标报价为 1600 万元，自报工期为 12 个月，每月施工成本为 50 万元。投标发生相关费用均为 10 万元。

问题：

投标人 B 可以按自报工期完工，为投标人 B 绘制决策树并列式计算各机会点的期望值，为投标人 B 做出投标决策（计算过程和结果均保留两位小数）。

【答案解析】

1. 难度指数：☆☆☆

2. 本题考查内容：一级决策树中损益值的确定和利用一级决策树比选方案。

（1）损益值的确定：方案情况的结果就是损益值。本题中方案分为投高价标和投低价标两种方案，每种方案分为两种情况：中标与不中标；分别确定中标与不中标的损益值。特别强调投标报价是合同价，各方案中标损益值＝合同价－施工成本－投标费用。

（2）一级决策树的原理是采用加权平均法计算方案结果。详见本篇"（二）详解考点第二章 1.4 决策树法中一级决策树"。

【答案】

绘制决策树，为投标人 B 做出投标决策提供参考：

（1）绘制决策树（图 2-9）。

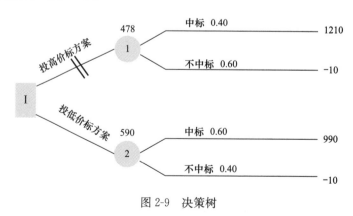

图 2-9　决策树

（2）投高价标期望值：

1）中标损益值：$1800 + 2 \times 10 - 60 \times 10 - 10 = 1210.00$（万元）。

2）不中标损益值：-10.00（万元）。

3）机会点 1 期望值：1210×0.4－10×0.6＝478.00（万元）。

（3）投低价标期望值：

1）中标损益值：1600－12×50－10＝990.00（万元）。

2）不中标损益值：－10.00（万元）。

3）机会点 2 期望值：990×0.6－10×0.4＝590.00（万元）。

（4）选择方案：

选择期望值大的投低价标方案，切断投高价标方案。

【强化训练 3】成本改进、成本利润率

投标人 G 为排名第一的中标候选人，招标人与投标人 G 签订了工程合同。投标人 G 不含规费和税金的报价为 8573.72 万元，成本利润率为 3%。为控制工程成本，专家组对所有功能项目进行成本改进。功能项目评分见表 2-1。地下室工程、主体结构工程、装饰工程成本分别为 1920 万元、2673 万元、2266 万元。按限额和优化设计要求，目标成本应控制在 8000 万元。

功能项目得分   表 2-1

功能项目	功能评分
桩基围护工程	5
地下室工程	7
主体结构工程	10
装饰工程	8
合计	30

问题：

计算投标人 G 不含规费和税金的报价中总成本及桩基围护工程成本；对所有功能项目进行成本改进，计算各功能项目的价值指数、目标成本、目标成本降低额。将计算结果填写在表 2-2 中；若最终目标成本为投标人 G 实际成本，且施工过程中不发生价款调整，计算投标人 G 实际成本利润率（计算过程和结果均保留三位小数）。

各功能项目的价值指数、目标成本、目标成本降低额   表 2-2

功能项目	功能评分	功能指数	目前成本（万元）	成本指数 C_I	价值指数 $V_I＝F_I/C_I$	目标成本（万元）	目标成本降低额（万元）
桩基围护工程							
地下室工程							
主体结构工程							
装饰工程							
合计							

【答案解析】

1. 难度指数：☆☆☆

2. 本题考查内容：利用价值工程进行成本改进及成本利润率

（1）成本改进：

1）目前成本：考查目前成本，目前成本＝不含税造价－利润。其中桩基围护工程的目前成本未知，桩基围护工程目前成本＝目前成本－∑其他目前成本。

2）目标成本：按功能重要性系数分摊总目标成本。

（2）成本利润率：确定实际成本和实际利润；实际成本＝目标成本，由于不含税造价不变，实际利润＝不含税造价－8000，或实际利润＝不含税造价－（原成本－成本降低额）。

【答案】

1. 不含规费和税金的报价中总成本及桩基围护工程成本

（1）投标人 G 的总成本：$\dfrac{8573.72}{1.03}=8324.000$（万元）。

（2）桩基围护工程成本：8324－1920－2673－2266＝1465.000（万元）。

2. 各功能项目的价值指数、目标成本、目标成本降低额，将计算结果填写在表 2-3 中。

各功能项目的价值指数、目标成本、目标成本降低额 表 2-3

功能项目	功能评分	功能指数	目前成本（万元）	成本指数 C_I	价值指数 $V_I=F_I/C_I$	目标成本（万元）	目标成本降低额（万元）
桩基围护工程	5	0.167	1465.000	0.176	0.949	1336.000	129.000
地下室工程	7	0.233	1920.000	0.231	1.009	1864.000	56.000
主体结构工程	10	0.333	2673.000	0.321	1.037	2664.000	9.000
装饰工程	8	0.267	2266.000	0.272	0.982	2136.000	130.000
合计	30	1.000	8324.000	1.000		8000.000	324.000

3. 计算投标人 G 实际成本利润率

（1）实际成本利润率第一种方法：$\dfrac{8573.72-8000}{8000}=7.172\%$。

（2）实际成本利润率第二种方法：

1）实际利润：8573.72－8342＋（8324－8000）＝573.720（万元）。

2）实际成本利润率：$\dfrac{573.72}{8000}=7.172\%$。

第三章　工程计量与计价

（一）汇总考点

1. 计量部分
- 1.1 土石方工程（一般考点）
- 1.2 地基处理与边坡支护工程（重要考点）
- 1.3 桩基础工程（重要考点）
- 1.4 混凝土及钢筋混凝土工程（重要考点）
- 1.5 装饰工程（重要考点）
- 1.6 单价措施项目（重要考点）

2. 计价部分
- 2.1 工程量清单计价（重要考点）
- 2.2 实物量法（重要考点）

混凝土和钢筋混凝土工程

（二）详解考点

1. 计量部分

1.1 土石方工程（一般考点）

公式	详解要点
（1）平整场地 按设计图示尺寸以建筑物首层建筑面积"m²"计算。 （2）挖一般土方、挖沟槽土方、挖基坑土方 按设计图示尺寸以基础垫层底面积乘以挖土深度按体积"m³"计算。 （3）基础回填 挖方清单项目工程量减去自然地坪以下埋设的基础体积（包括基础垫层及其他构筑物）。 （4）余方弃置 挖方清单项目工程量减利用回填方以体积（正数）"m³"计算。 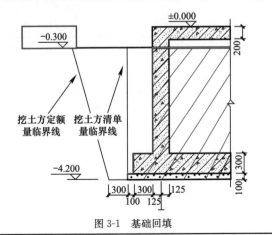 图 3-1　基础回填	（1）清单工程量与定额工程量计算前提： 1）计算清单工程量的题目条件：按《房屋建筑与装饰工程工程量计算规范》GB 50854—2013的计算规则。 2）计算定额工程量的题目条件：编制某清单项目综合单价分析表。 （2）挖一般土方、沟槽土方、挖基坑土方计算规则的计算及考题类型： 1）计算规则一致：按设计图示尺寸以基础垫层底面积乘以挖土深度按体积"m³"计算。 2）考题类型：重在考查识图能力，不单纯考查四棱台、圆台等公式的套用。如2010年真题采用局部放坡，基坑四周剖面图不一致，利用剖面图确定宽度；考题实质是在考查识图能力。 （3）基础回填： 1）回填高度的确定：考题不会同时出现自然地坪和设计地坪两个标高，因此回填至标注高度。如图3-1所示，回填至−0.300m。 2）基础回填=挖方工程量−自然地坪（或设计地坪）下基础工程量。 （4）余方弃置： 1）自然地坪（或室外设计地坪）下基础体积（包括垫层），如图3-1所示，阴影区域。 2）余方弃置工程量=回填高度下基础体积（包括垫层）

1.2 地基处理与边坡支护工程（重要考点）

公式	详解要点
地基处理与边坡支护工程	（1）复合桩 水泥粉煤灰碎石桩、深层搅拌桩、粉喷桩：按设计图示尺寸以桩长（包括桩尖）"m"计算。 （2）褥垫层 按设计图示尺寸以铺设面积计算；以"m³"计量，按设计图示尺寸体积计算。 （3）锚杆（锚索）、土钉 以"m"计量，按设计图示尺寸以钻孔深度计算；以"根"计量，按设计图示数量计算。 （4）喷射混凝土 按设计图示尺寸以面积"m²"计算	公式： （1）复合桩工程量＝桩长×个数，通常个数已知，桩长从图中确定。 （2）褥垫层工程量＝褥垫层面积×褥垫层高度；与桩头重叠的部分不扣除。如图3-2所示。 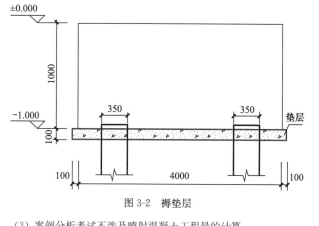 图3-2　褥垫层 （3）案例分析考试不涉及喷射混凝土工程量的计算

1.3 桩基础工程（重要考点）

公式	详解要点
桩基础工程	（1）预制钢筋混凝土方桩、预制钢筋混凝土管桩 1）以"m"计量，按设计图示尺寸以桩长（包括桩尖）计算。 2）以"m³"计量，按设计图示截面积乘以桩长（包括桩尖）以实际体积计算。 3）以"根"计量，按设计图示数量计算。 （2）钢管桩 1）以"t"计量，按设计图示尺寸以质量计算。 2）以"根"计量，按设计图示尺寸数量计算。 （3）泥浆护壁成孔灌注桩、沉管灌注桩、干作业成孔灌注桩 1）以"m"计量，按设计图示尺寸以桩长（包括桩尖）计算。 2）以"m³"计量，按不同截面在桩上范围内以体积计算。 3）以"根"计量，按设计图示数量计算	桩基础：预制桩、灌注桩深入垫层（承台）部分计算桩工程量。如图3-3所示，桩基础工程量不扣除与垫层有重叠的部分 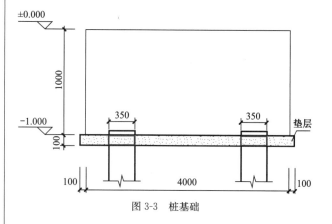 图3-3　桩基础

1.4 混凝土及钢筋混凝土工程（重要考点）

公式	详解要点
现浇混凝土基础 (1) 现浇混凝土垫层：按设计图示尺寸以体积"m³"计算。 (2) 带形基础、独立基础、满堂基础、桩承台基础：按设计图示尺寸以体积"m³"计算。不扣除构件内钢筋、预埋铁件和伸入承台基础的桩头所占体积	(1) 混凝土及钢筋工程量计算的区别： 1) 混凝土及钢筋按各自清单项目分别计算，即混凝土工程、钢筋工程。 2) 如混凝土结构中有钢筋，计算混凝土工程量时不扣除构件内钢筋、预埋铁件所占体积。 3) 钢筋工程量：依据混凝土工程量及理论重量计算，不涉及钢筋长度的计算。 (2) 公式： 1) 现浇混凝土垫层：按基础类型计算混凝土垫层工程量。 2) 现浇混凝土基础： ① 外墙带形基础：中心线长×基础高度×基础宽度。 ② 独立基础： a. 四棱台独立基础公式：$V = 1/3h \times (S_1 + S_2 + \sqrt{S_1 \times S_2})$； b. 阶梯矩形独立基础工程量＝∑基础（底）面积×基础高度； c. 单层矩形独立基础工程量＝基础（底）面积×基础高度。 ③ 满堂基础、桩承台基础工程量＝基础（底）面积×基础高度
现浇混凝土柱 (1) 现浇混凝土矩形柱：按设计图示尺寸以体积"m³"计算；柱高的规定： 1) 有梁板的柱高，应自柱基上表面（或楼板上表面）至上一层楼板上表面之间的高度计算。 2) 无梁板的柱高，应自柱基上表面（或楼板上表面）至柱帽下表面之间的高度计算； 3) 框架柱的柱高，应自柱基上表面至柱顶之间的高度计算。 (2) 现浇混凝土异形柱：按设计图示尺寸以体积"m³"计算 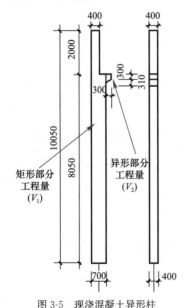 图 3-5　现浇混凝土异形柱	公式： (1) 现浇混凝土矩形柱：矩形柱截面积×矩形柱高 1) 通常截面积已知。 2) 起始标高混凝土柱高在±0.000以下部分不计入混凝土基础工程量中；现浇混凝土柱高度从柱基上表面开始计算（图3-4）。 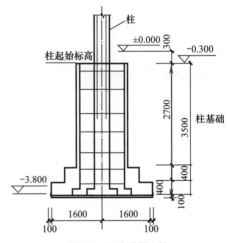 图 3-4　现浇混凝土柱 (2) 现浇混凝土异形柱：矩形部分工程量（V_1）＋异形部分工程量（V_2）（图3-5） 1) V_1＝截面积×矩形部分高。 2) $V_2 = \left(\dfrac{\text{上底}+\text{下底}}{2}\right) \times$ 异形部分高×厚度。 (3) 如图3-5所示，变截面异形柱工程量如下： 1) 2m高度内异形柱工程量：$0.4 \times 0.4 \times 2.0 = 0.32$（m³）。 2) 8.05m高度内异形柱工程量：$\left(\dfrac{0.3+0.61}{2}\right) \times 0.3 \times 0.4 + 0.7 \times 0.4 \times 8.05 = 2.31$（m³）。 3) 变截面异形柱工程量＝0.32＋2.31＝2.63（m³）

公式	详解要点
现浇混凝土基础梁、矩形梁： **按设计图示尺寸以体积"m³"计算，不扣除构件内钢筋、预埋铁件所占体积，伸入墙内的梁头、梁垫并入梁体积内** 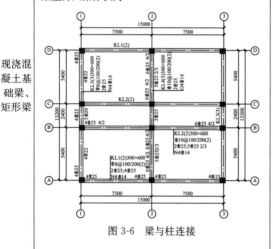 图 3-6 梁与柱连接	考题类型及梁长确定： （1）梁与基础连接：梁长算至基础侧面 （2）梁与柱连接（图 3-6）：梁长算至柱侧面 （3）主梁与次梁连接：次梁长算至主梁侧面 （4）梁与柱、墙连接（图 3-7）：梁长算至柱、墙侧面 （5）过梁：按洞口长度加每侧伸出长度 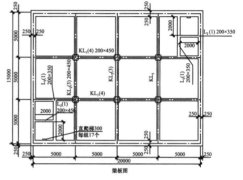 图 3-7 梁与柱、墙连接
现浇混凝土直形墙： **按设计图示尺寸以体积"m³"计算，不扣除构件内钢筋、预埋铁件所占体积，扣除门窗洞口及单个面积大于 0.3m² 的孔洞所占体积，墙垛及突出墙面部分并入墙体体积内计算** 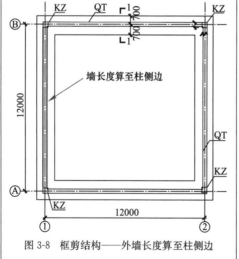 图 3-8 框剪结构——外墙长度算至柱侧边	**（1）考题类型：** 1）框架结构：不涉及现浇混凝土墙工程量计算。 2）框剪结构： ① 外墙长度算至柱侧边，高度算至板顶。 ② 内墙长度按净长线，高度算至板顶（图 3-8）。 3）剪力墙结构： ① 外墙长度按中心线，高度算至板顶（图 3-9）； ② 内墙长度按净长线，高度算至板顶。 **（2）特别说明，从结构角度考虑，框剪结构和剪力墙的外墙高度算至板顶，考试中应依据图示高度确定墙高** 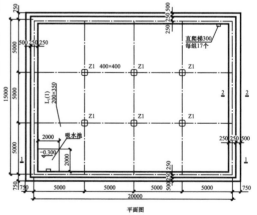 图 3-9 剪力墙结构——外墙长度按中心线

续表

公式	详解要点
现浇混凝土板： 按设计图示尺寸以体积"m^3"计算；不扣除构件内钢筋、预埋铁件及单个面积小于或等于$0.3m^2$的柱、垛以及孔洞所占体积，压形钢板混凝土楼板扣除构件内压形钢板所占体积 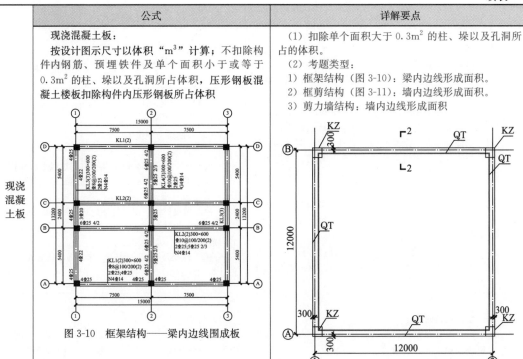 图3-10 框架结构——梁内边线围成板	（1）扣除单个面积大于$0.3m^2$的柱、垛以及孔洞所占的体积。 （2）考题类型： 1）框架结构（图3-10）：梁内边线形成面积。 2）框剪结构（图3-11）：墙内边线形成面积。 3）剪力墙结构：墙内边线形成面积 图3-11 框剪结构——墙内边线围成板

1.5 装饰工程（重要考点）

公式	详解要点
门、窗套： （1）以"樘"计量，按设计图示数量计算。 （2）以"m^2"计量，按设计图示尺寸以展开面积计算； （3）以"m"计量，按设计图示中心以延长米计算 装饰工程和单价 措施项目	（1）公式： 1）门套工程量=（门洞口高×2+门洞口长）×门套宽。 2）窗套工程量=（窗洞口高×2+窗洞口长）×窗套宽。 （2）窗套与门套剖面图一致，（图3-12、图3-13） 窗套宽度=墙干挂石材厚度 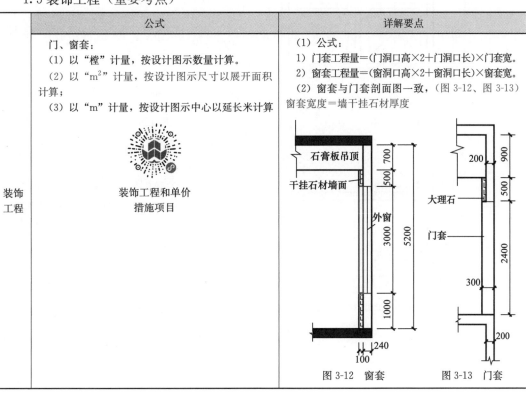 图3-12 窗套　　　图3-13 门套

43

内容	详解要点
楼地面： （1）整体面层 水泥砂浆楼地面、现浇水磨石楼地面、细石混凝土楼地面、菱苦土楼地面、自流坪楼地面，按设计图示尺寸以面积"m²"计算。扣除凸出地面构筑物、设备基础、室内铁道、地沟等所占面积，不扣除间壁墙及小于或等于0.3m²柱、垛、附墙烟囱及孔洞所占面积。门洞、空圈、暖气包槽、壁龛的开口部分不增加。 （2）块料面层 石材楼地面、碎石材楼地面、块料楼地面，按设计图示尺寸以面积计算。门洞、空圈、暖气包槽、壁龛的开口部分并入相应工程量内。 3）踢脚线：工程量以"m²"计量，按设计图示长度乘高度以面积计算；以"m"计量，按延长米计算	（1）公式 1）整体面屋楼地面工程量＝$S_{墙（或干挂）内边线}$－$\sum S_{大于0.3m^2柱、垛等孔洞}$ 2）块料面层楼地面工程量＝$S_{墙（或干挂）内边线}$＋$\sum S_{门洞等开口部分}$－$\sum S_{柱、垛等孔洞}$ （2）块料面层考题类型 1）关于内墙： ①内墙做干挂石材：以干挂石材内边线形成面积。 ②内墙不做干挂石材：以内墙内边线形成面积。 2）关于波打线： ①地面做波打线：以波打线内边线形成面积。 ②地面不做波打线：以内墙（或干挂石材）内边线形成面积。 3）关于柱垛及孔洞：如柱垛有装饰，按装饰表面积计算扣除面积
装饰工程 墙面块料面层： （1）石材墙面、拼碎石材墙面、块料墙面：按镶贴表面积"m²"计算。 （2）干挂石材钢骨架：按设计图示尺寸以质量"t"计算 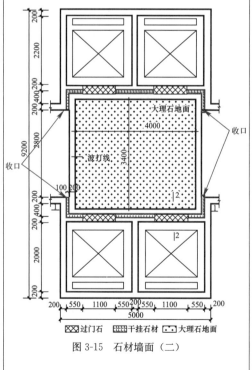 图3-15 石材墙面（二）	（1）公式 1）石材墙面工程量＝铺贴长度×铺贴高度－洞口宽度×洞口高度＋收口铺贴长度×收口铺贴高度 2）干挂石材钢骨架工程量＝石材镶贴面积×理论重量（kg/m²） （2）石材墙面、拼碎石材墙面、块料墙面考题类型 1）内墙做干挂石材： ①镶贴长度：依据地面铺装平面图，以干挂石材内边线确定铺贴长度（不是以内墙内边线确定铺贴长度）； ②铺贴高度：高度以文字表述，从墙面剖面图中也可确定； ③扣除面积：墙面剖面图和地面平面图结合确定扣除面积； ④收口：依据剖面图确定墙面是否做收口。图3-14中石材墙面从内墙内边线开始铺贴（并没有按照图3-15中以干挂石材内边线开始铺贴），由此判断收口处做了干挂石材；以内墙内边线开始往里100mm长度是收口的铺贴长度，如图3-14所示标记位置 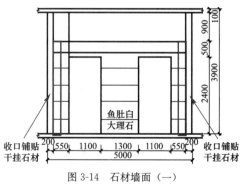 图3-14 石材墙面（一）

公式	详解要点
墙面块料面层： （1）石材墙面、拼碎石材墙面、块料墙面：按镶贴表面积"m²"计算。 （2）干挂石材钢骨架：按设计图示尺寸以质量"t"计算 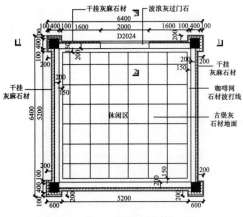 图 3-16　外墙干挂石材	石材墙面、拼碎石材墙面、块料墙面考题类型 2）外墙做干挂石材（见图 3-16，假设柱装饰工程量并入外墙石材工程量中）： ① 镶贴长度：依据地面铺装平面图，以干挂石材外边线确定镶贴长度。 ② 铺贴高度：高度一般以文字表述，从墙面剖面图也可确定。 ③ 扣除面积：墙面剖面图和地面平面图结合确定扣除面积
装饰工程　吊顶天棚： 按设计图示尺寸以水平投影面积计算。天棚面中的灯槽及跌级、锯齿形、吊挂式、藻井式天棚面积不展开计算。不扣除间壁墙、检查口、附墙烟囱、柱垛和管道所占面积，扣除单个大于 $0.3m^2$ 的孔洞、独立柱及与天棚相连的窗帘盒所占面积	（1）公式：通常按 $S_{内墙内边线}$ 或 $S_{内墙干挂石材内边线}$（天棚类型均适用）。 （2）考题类型： 1）并列型天棚，如图 3-17 所示。 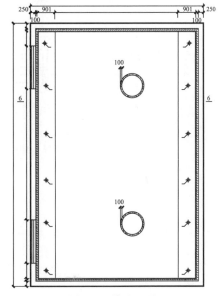 图 3-17　并列型天棚

公式	详解要点
装饰工程	2）内外圈型天棚，如图3-18所示 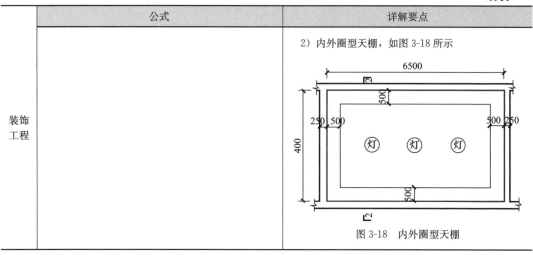 图3-18 内外圈型天棚

1.6 单价措施项目（重要考点）

公式	详解要点
脚手架工程： （1）综合脚手架：按建筑面积"m²"计算。 （2）外脚手架、里脚手架、整体提升架、外装饰吊篮：按所服务对象的垂直投影面积计算。 （3）悬空脚手架、满堂脚手架：按搭设的水平投影面积计算	（1）外脚手架、里脚手架工程量的计算： 1）垂直投影面积：按立面投影面积计算。 2）不扣除孔洞面积：例如，内墙干挂石材脚手架按铺贴表面积计算脚手架工程量；不扣除门、窗洞口面积。 （2）悬空脚手架、满堂脚手架、吊顶天棚脚手架工程量的计算：按水平投影面积计算
单价措施项目	混凝土模板及支架： （1）现浇混凝土基础模板及支架：按模板与现浇混凝土构件的接触面积"m²"计算 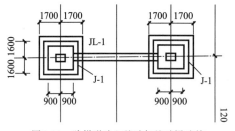 图3-19 阶梯形独立基础与基础梁连接	公式（垫层略） （1）满堂基础模板及支架：满堂基础模板工程量＝基础周长×基础高。 （2）阶梯形独立基础模板及支架： 1）没有与基础梁连接 单个阶梯形独立基础模板工程量＝基础周长×基础高 2）与基础梁连接（图3-19）： 单个阶梯形独立基础模板工程量＝∑基础周长×基础高－∑梁宽×梁高 （3）带形基础模板及支架： 没有内墙的外墙带形基础模板工程量＝外墙带形基础中心线周长×2×基础高 （4）四棱台基础模板及支架（图3-20）： 1）下层基础模板工程量＝基础周长×基础高。 2）上层基础模板工程量＝∑侧面梯形面积 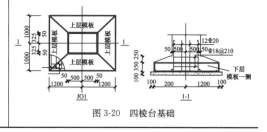 图3-20 四棱台基础

续表

公式	详解要点
（2）柱模板及支架：按模板与现浇混凝土构件的接触面积"m²"计算 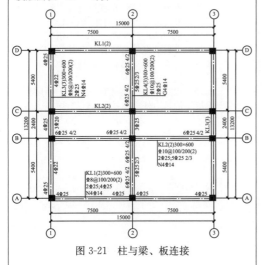 图 3-21 柱与梁、板连接	（1）公式： 1）柱与梁、板连接（图 3-21）： 单个柱模板工程量＝柱周长×柱高－∑梁宽×梁高－∑板与柱重叠面积 2）柱与剪力墙、板连接（图 3-22）： 单个柱模板工程量＝柱周长×柱高－墙宽×墙高×个数－∑板与柱重叠面积 （2）解题思路 1）依据平面图确定柱与哪些构件接触。 2）依据剖面图确定接触构件高度。 3）确定重叠面积 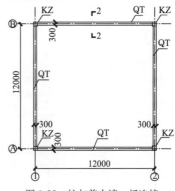 图 3-22 柱与剪力墙、板连接
3）梁模板及支架：按模板与现浇混凝土构件的接触面积"m²"计算 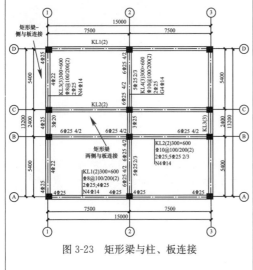 图 3-23 矩形梁与柱、板连接	公式： （1）基础梁与基础连接 单个基础梁模板工程量＝梁长（到基础侧面）×梁高×2 （2）矩形梁与柱、板连接（图 3-23） 1）矩形梁一侧与板连接： 单个矩形梁模板工程量＝梁长（到柱侧面）×梁高＋梁长（到柱侧面）×（梁高－板高）＋梁长×梁宽（底模） 2）矩形梁两侧与板连接： 单个矩形梁模板工程量＝梁长（到柱侧面）×（梁高－板高）×2＋梁长×梁宽（底模） （3）矩形梁与剪力墙、柱、板连接（图 3-24） 单个矩形梁模板＝梁长（到柱、墙侧面）×（梁高－板高）×2＋梁长×梁宽（底模） 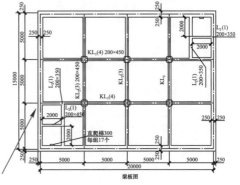 图 3-24 矩形梁与剪力墙、柱、板连接 （梁两侧均与板连接）

单价措施项目

公式	详解要点
（4）墙模板及支架：按模板与现浇混凝土构件的接触面积"m²"计算。 （5）板模板及支架：略 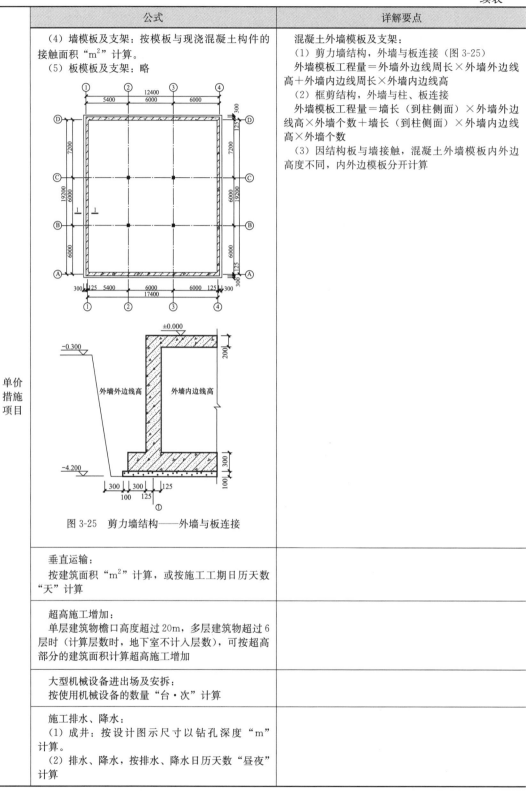 图 3-25　剪力墙结构——外墙与板连接	混凝土外墙模板及支架： （1）剪力墙结构，外墙与板连接（图 3-25） 外墙模板工程量＝外墙外边线周长×外墙外边线高＋外墙内边线周长×外墙内边线高 （2）框剪结构，外墙与柱、板连接 外墙模板工程量＝墙长（到柱侧面）×外墙外边线高×外墙个数＋墙长（到柱侧面）×外墙内边线高×外墙个数 （3）因结构板与墙接触，混凝土外墙模板内外边高度不同，内外边模板分开计算

单价措施项目

垂直运输： 按建筑面积"m²"计算，或按施工工期日历天数"天"计算	
超高施工增加： 单层建筑物檐口高度超过 20m，多层建筑物超过 6 层时（计算层数时，地下室不计入层数），可按超高部分的建筑面积计算超高施工增加	
大型机械设备进出场及安拆： 按使用机械设备的数量"台·次"计算	
施工排水、降水： （1）成井：按设计图示尺寸以钻孔深度"m"计算。 （2）排水、降水，按排水、降水日历天数"昼夜"计算	

2. 计价部分

2.1 工程量清单计价（重要考点）

公式	详解要点

左栏内容：

（1）工程造价＝分部分项工程费＋措施项目费＋其他项目费＋规费＋税金

1）分部分项工程费（或单价措施项目费）＝∑清单工程量×综合单价

2）综合单价＝$\dfrac{（定额单价＋管理费＋利润）×定额量}{定额扩大单位×清单量}$

3）定额单价＝人工费＋材料费＋施工机具使用费，如定额基价表：495.18＋1513.46＋27.86＝2036.50（元/m³）

人工费、材料费、施工机具使用费＝消耗量×除税单价

如定额基价表，以人工费为例：42×11.790＝495.18（元）。

① 消耗量：指定额单位要素消耗量。如定额基价表，以人工消耗为例，完成10m³砖基础消耗11.790工日。

② 除税单价：要素单价。如定额基价表，以人工除税单价为例，42元/工日

右栏内容：

定额基价表

单位：10m³

定额编号		3-1
项目		砖基础
基价（元）		2036.50
其中	人工费	495.18
	材料费	1513.46
	施工机具使用费	27.86

	名称	单位	除税单价	消耗量（数量）
	综合工日	工日	42.00	11.790
材料	水泥砂浆 M10	m³	—	(2.360)
	标准砖	千块	230.00	5.236
	水泥 32.5级	kg	0.32	649.00
	中砂	m³	37.15	2.407
	水	m³	3.85	3.137
机械	灰浆搅拌机 200L	台班	70.89	0.393

左栏下方：

（2）编制综合单价分析表

项目编号	010602001001	项目名称	轻型钢屋架	计量单位	t	工程量	8.67

清单综合单价组成明细

定额编号	定额名称	① 定额单位	② 数量	③ 单价（元） 人工费	③ 材料费	③ 机械费	③ 管理费和利润	④ 合价（元） 人工费	④ 材料费	④ 机械费	④ 管理费和利润
6-10	成品钢屋架安装	t	1.00	378.10	6360.00	116.00	1213.18	378.10	6360.00	116.00	1213.18
6-35	钢结构油漆	m²	35.00	19.95	19.42	0.73	7.10	698.25	679.70	25.55	248.50
6-36	钢结构防火漆	m²	35.00	15.20	5.95	0.54	3.84	532.00	208.25	18.90	134.40

人工日工资单价	小计							1608.35	7247.95	160.45	1596.08
95 元/工日	未计价材料费								0.00		
清单项目综合单价（元）								10612.83			

材料费明细	主要材料名称、规格、型号	① 单位	② 数量	③ 单价（元）	④ 合价（元）	⑤ 暂估单价（元）	⑥ 暂估合价（元）
	成品钢屋架	t	1.00			6200.00	6200.00
	油漆	kg	26.60	25.00	665.00		
	防火漆	kg	10.50	17.00	178.50		
	⑦ 其他材料费				204.45		
	⑧ 材料费小计				1047.95		6200.00

右栏下方：

（1）第一部分：清单项目信息

项目编码、项目名称、计量单位、工程量。

（2）第二部分：清单综合单价组成明细

1）定额单位：

单位扩大就按扩大单位填写；基本单位就按基本单位填写。

2）数量＝$\dfrac{定额量}{清单量×定额扩大单位}$

3）单价：包括人工费、材料费、机械费及管理费和利润；人工费、材料费、机械费是定额单位相应费用，参照定额基价填写；管理费和利润按计算基数求解。

4）合价：人工费、材料费、机械费及管理费和利润＝数量（②）×单价（③）。

（3）第三部分：材料费明细

1）单位：定额基价表中材料单位。

2）数量＝定额基价表中消耗量×第二部分"数量"。

3）单价：定额基价表中材料单价。

4）合价＝数量（②）×单价（③）。

5）暂估单价：题目已知。

6）暂估合价＝暂估单价（⑤）×数量（②）。

7）其他材料费＝∑定额基价表中其他材料费×第二部分"数量"。

8）材料费小计＝第二部分"合价中（④）材料费"

最左侧纵排标签： 工程量清单计价

续表

公式	详解要点
（3）计算要素消耗量 1）基于工程量清单计价下要素消耗量的计算，题目已知清单单位要素消耗量。 2）要素消耗量＝清单量×单位要素消耗量 <div align="center">计价部分</div>	考题类型： （1）考题类型一：计算某要素消耗量，要素消耗量＝清单量×单位要素消耗量。 （2）考题类型二：计算某要素费用。例如，某材料发生二次搬运费，材料二次搬运费＝材料消耗量×材料搬运单价；材料搬运单价已知，与"考题类型一"一致，计算要素消耗量。 （3）考题类型三：计算材料单价调整后该分项工程综合单价。例如，某要素单价调整，计算单价调整后分项工程综合单价： 1）解题思路：差额综合单价＋投标综合单价＝调整后综合单价 2）调整后综合单价 ＝材料调整单价×清单单位材料要素消耗量×（1＋管理、利润费率）+投标综合单价 差额综合单价（按要素形成差额综合单价）

工程量清单计价

2.2 实物量法（重要考点）

公式	详解要点
工程造价＝人工费＋材料费＋机械费＋管理费＋利润＋规费＋税金 （1）人工费、材料费、机械费分别由分部分项工程费和措施项目费中相应费用构成： 1）人工费分别由分部分项工程费中人工费和措施项目费中人工费构成。 2）材料费分别由分部分项工程中材料费和措施项目费中材料费构成。 3）机械费分别由分部分项工程中机械费和措施项目费中机械费构成。 （2）求解人工费、材料费、机械费就是求解分部分项工程及单价措施项目中各要素费用，通常已知措施项目中各要素费用。 1）分部分项工程中人工费＝人工除税单价×人工消耗量 人工消耗量＝∑清单量×清单单位人工消耗量 2）分部分项工程中材料费＝∑材料除税单价×材料消耗量 各材料消耗量＝清单量×清单单位各材料消耗量 3）分部分项工程中机械费＝∑机械除税单价×机械消耗量 各施工机具消耗量＝清单量×清单单位各施工机具消耗量	（1）考题类型： 1）考题类型一：计算人工费、材料费、机械费；以实物量法形成分部分项工程和措施项目人、材、机费。 2）考题类型二：计算因单价调整产生的材料调整费。例如，材料单价调整，计算因单价调整产生的材料调整费用。 若已知分部分项工程费作为措施项目费计算基数（不考虑因材料单价调整引起的管理费、利润）。 材料调整费用＝材料价差×材料总消耗量×（1＋措施费费率）。 （2）总结： 1）无论是工程量清单计价还是实物量法，都会考查要素消耗量、要素费用的计算；关键点在于确定要素消耗量。 2）基于考题特点，两种计价方式要素消耗量＝清单量×清单单位要素消耗量

实物量法

（三）强化训练

【强化训练1】金属工程

某住宅建筑共 30 栋，每栋设置顶层采光棚，该单栋采光棚平面布置图、剖面图的工程图纸及技术参数见图 3-26 单栋采光棚钢柱及梁平面布置图、图 3-27 单栋采光棚 1-1 剖面图、图 3-28 单栋采光棚 2-2 剖面图、图 3-29 柱间斜撑 XC 及表 3-1 钢材理论重量表。

第三章 强化训练

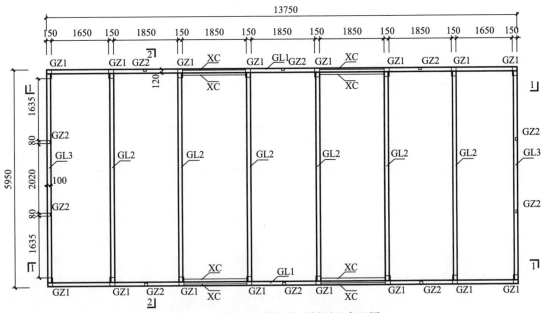

图 3-26 单栋采光棚钢柱及梁平面布置图

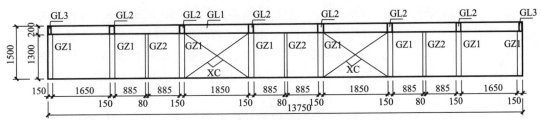

图 3-27 单栋采光棚 1-1 剖面图

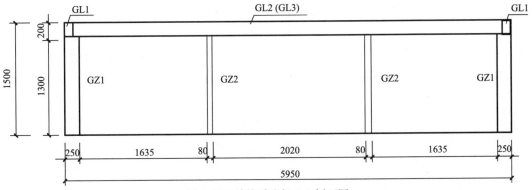

图 3-28 单栋采光棚 2-2 剖面图

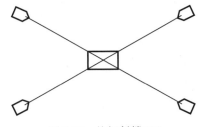

图 3-29 柱间斜撑 XC

钢材理论重量表　　　　　　　　　　　　　　　　表 3-1

编号	构件名称	理论重量
GZ1	方钢管 150×250×8	26kg/m
GZ2	方钢管 80×80×4	12kg/m
GL1	方钢管 120×200×8	24kg/m
GL2	方钢管 150×200×8	25kg/m
GL3	方钢管 100×200×4	22kg/m
XC	柱间斜撑 φ10	10kg/个

问题：

1. 根据该工程采光棚施工图纸、技术参数及表 3-2 工程量计算表中给定的信息，按《房屋建筑与装饰工程工程量计算规范》GB 50854—2013 的计算规则，在表 3-2 工程量计算表中列式计算 30 栋采光棚钢结构分部分项工程量。

2. 根据问题 1 的计算结果及表 3-3 给定的信息，按《建设工程工程量清单计价规范》GB 50500—2013 的要求，在表 3-3 分部分项工程和单价措施项目清单与计价表中，编制该工程 30 栋采光棚分部分项工程和单价措施项目清单与计价表。

3. 若施工过程中发包人将钢柱 1（GZ1）采用的方钢管 150×250×8（除税价为 7000 元/t）变更为 150×250×10（除税价为 7300 元/t），清单项目钢柱 1（GZ1）的消耗量为 1.05；其他条件均不变。企业管理费按人工、材料、机械费之和的 8% 计取，利润按人工、材料、机械费、企业管理费之和的 7% 计取。根据问题 1 列式计算该工程由于方钢管价差产生的材料调整费用及分部分项工程调整费用。

4. 若工程竣工结算时仅钢柱 1（GZ1）分部分项工程费发生调整，其余分部分项工程费及单价措施项目费均按表 3-3 分部分项工程和单价措施项目清单与计价表中费用。若总价措施项目仅考虑安全文明施工费，安全文明施工费按分部分项工程费的 3.82% 计取；人工费占比分别为分部分项工程费的 7%、措施项目费的 13.6%；其他项目费中发生计日工 25000.00 元；规费按照人工费的 20% 计取，增值税税率按 9% 计取。按《建设工程工程量清单计价规范》GB 50584—2013 的要求，列式计算结算中分部分项工程费、安全文明施工费、措施项目费、人工费、规费；并在表 3-4 单位工程竣工结算汇总表中编制该工程竣工结算汇总表（计算过程和结果均保留两位小数）。

工程量计算表　　　　　　　　　　　　　　　　表 3-2

序号	项目名称	单位	计算过程	计算结果
1	钢柱 1（GZ1）	t		
2	钢柱 2（GZ2）	t		
3	钢梁 1（GL1）	t		
4	钢梁 2（GL2）	t		
5	钢梁 3（GL3）	t		
6	柱间斜撑（XC）	t		

分部分项工程和单价措施项目清单与计价表　　表 3-3

序号	项目编码	项目名称	项目特征	计量单位	工程量	金额（元）	
						综合单价	合价
1	010603003001	钢柱 1（GZ1）	方钢管 150×250×8	t		8978.32	
2	010603003002	钢柱 2（GZ2）	方钢管 80×80×4	t		8311.54	
3	010604001001	钢梁 1（GL1）	方钢管 120×200×8	t		8613.77	
4	010604001002	钢梁 2（GL2）	方钢管 150×200×8	t		8732.09	
5	010604001003	钢梁 3（GL3）	方钢管 100×200×4	t		8483.46	
6	010606001001	柱间斜撑（XC）	柱间斜撑 ϕ10	t		6981.16	
		分部分项工程小计				—	
		单价措施项目					
1	011705001001	大型机械进出场及安拆	—	台次	6.00	18934.88	
		单价措施项目小计		元		—	
		分部分项工程和单价措施项目小计		元		—	

单位工程竣工结算汇总表　　表 3-4

序号	汇总内容	金额（元）
1	分部分项工程费	
2	措施项目费	
2.1	其中安全文明施工费	
3	其他项目费	
3.1	其中：计日工	
4	规费（人工费 20%）	
5	增值税 9%	
6	竣工结算价合计＝1＋2＋3＋4＋5	

【答案解析】

1. 难度指数：☆☆☆

2. 本题考查内容：

（1）工程量计算考查金属工程，重点考查平面图与剖面图结合。各构件位置关系为钢梁 1（GL1）与钢梁 2（GL2）、钢梁 3（GL3）连接；钢柱 1（GZ1）与钢柱 2（GZ2）在钢梁 1（GL1）下部。柱间斜撑（XC）共 8 个。

（2）工程计价方面考查因材料单价调整计算分部分项工程调整费详见本篇"（二）详解考点第三章 2.1 工程量清单计价中计算要素消耗量的考题类型二"。计算材料消耗量，计算分部分项调整费用。

【答案】

1. 计算工程量（表 3-5）

工程量计算表　　　　　　　　表 3-5

序号	项目名称	单位	计算过程	计算结果
1	钢柱 1（GZ1）	t	$16 \times 1.3 \times 26/1000 \times 30 = 16.22$	16.22
2	钢柱 2（GZ2）	t	$10 \times 1.3 \times 12/1000 \times 30 = 4.68$	4.68
3	钢梁 1（GL1）	t	$13.75 \times 2 \times 24/1000 \times 30 = 19.80$	19.80
4	钢梁 2（GL2）	t	$(5.95 - 0.12 \times 2) \times 6 \times 25/1000 \times 30 = 25.70$	25.70
5	钢梁 3（GL3）	t	$(5.95 - 0.12 \times 2) \times 2 \times 22/1000 \times 30 = 7.54$	7.54
6	柱间斜撑（XC）	t	$8 \times 10/1000 \times 30 = 2.40$	2.40

2. 计算分部分项工程和单价措施项目清单与计价表（表 3-6）

分部分项工程和单价措施项目清单与计价表　　　　表 3-6

序号	项目编码	项目名称	项目特征	计量单位	工程量	金额（元）	
						综合单价	合价
1	010603003001	钢柱 1（GZ1）	方钢管 150×250×8	t	16.22	8978.32	145628.35
2	010603003002	钢柱 2（GZ2）	方钢管 80×80×4	t	4.68	8311.54	38898.01
3	010604001001	钢梁 1（GL1）	方钢管 120×200×8	t	19.80	8613.77	170552.65
4	010604001002	钢梁 2（GL2）	方钢管 150×200×8	t	25.70	8732.09	224414.71
5	010604001003	钢梁 3（GL3）	方钢管 100×200×4	t	7.54	8483.46	63965.29
6	010606001001	柱间斜撑（XC）	柱间斜撑 $\phi 10$	t	2.40	6981.16	16754.78
		分部分项工程小计				—	660213.79
		单价措施项目					
1	011705001001	大型机械进出场及安拆	—	台次	6.00	18934.88	113609.28
		单价措施项目小计		元		—	113609.28
		分部分项工程和单价措施项目小计		元		—	773823.07

3. 计算该工程由于方钢管价差产生的材料调整费用及分部分项工程调整费用

（1）方钢管价差产生的材料调整费：$(7300 - 7000) \times 1.05 \times 16.22 = 5109.30$（元）。

（2）分部分项工程调整费：$5109.30 \times 1.08 \times 1.07 = 5904.31$（元）。

4. 编制单位工程竣工结算汇总表

（1）列式计算分部分项工程费、安全文明施工费、措施项目费、人工费、规费

1）分部分项工程费：$660213.79 + 5904.31 = 666118.10$（元）。

2）安全文明施工费：$666118.10 \times 3.82\% = 25445.71$（元）。

3）措施项目费：$113609.28 + 25445.71 = 139054.99$（元）。

4）人工费：$666118.10 \times 7\% + 139054.99 \times 13.6\% = 65539.75$（元）。

5）规费：$65539.75 \times 20\% = 13107.95$（元）。

（2）编制该工程竣工结算汇总表（表 3-7）

单位工程竣工结算汇总表　　　　　　　　　　表 3-7

序号	汇总内容	金额（元）
1	分部分项工程费	666118.10
2	措施项目费	139054.99
2.1	其中安全文明施工费	25445.71
3	其他项目费	25000.00
3.1	其中：计日工	25000.00
4	规费（人工费20%）	13107.95
5	增值税9%	75895.29
6	竣工结算价合计＝1+2+3+4+5	919176.33

【强化训练 2】装饰工程

施工企业投标某公寓标准层电梯厅共 16 套，现根据图 3-30 标准层电梯厅楼地面铺装平面图、图 3-31 标准层电梯厅吊顶平面图、图 3-32～图 3-34 标准层电梯厅施工图及相关技术参数，施工企业投标时采用表 3-8 的内容进行天棚吊顶的组价。

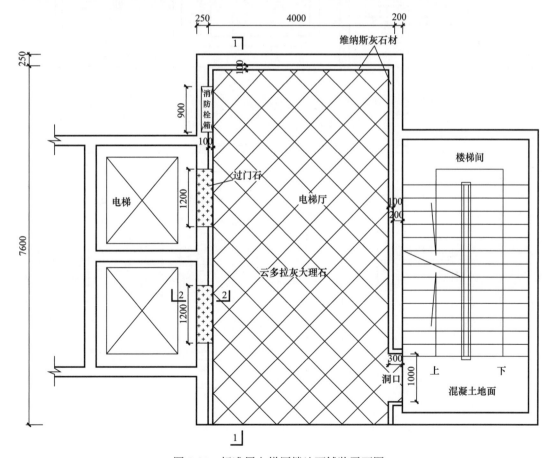

图 3-30　标准层电梯厅楼地面铺装平面图

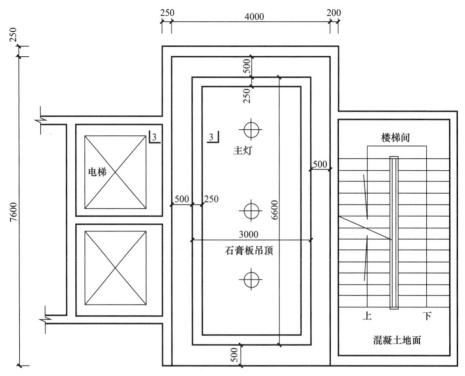

图 3-31　标准层电梯厅吊顶平面图

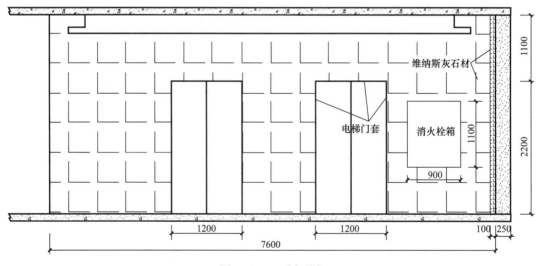

图 3-32　1-1 剖面图

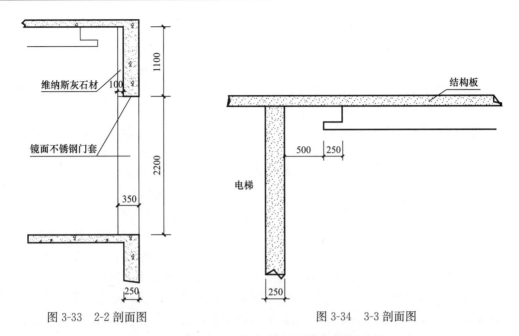

图 3-33 2-2 剖面图　　　　　　　　　　　图 3-34 3-3 剖面图

U 形单层轻钢龙骨、装饰板石膏板消耗量定额　　　　　表 3-8

定额编号			13—14	13—70
项目			U 形单层轻钢龙骨	装饰板石膏板
			10m²	m²
定额基价（元）			7055.60	57.38
其中	人工费（元）		6445.50	16.50
	材料费（元）		570.40	39.75
	机械费（元）		39.70	1.13
名称	单位	单价（元）		
综合工日	工日	150.00	42.97	0.11
U 形轻钢龙骨	kg	2.60	200.00	
装饰石膏板 600×600×12	m²	34.50		1.02
其他材料费	元		50.40	4.56
机械费	元		39.70	1.13

设计说明：

1. 该公寓标准层电梯厅共 16 套。

2. 墙面为维纳斯灰石材，干挂做法，做至结构板底。石材面层距结构面 100mm。

3. 楼梯间内不做任何装修，楼梯间洞口尺寸 1000mm×2200mm，且洞口两侧随墙面做法干挂石材，宽度 300mm。

4. 天棚吊顶为 U 形单层轻钢龙骨石膏板吊顶。

问题：

1. 根据工程设计图纸、技术参数以及表 3-9 中给定的信息，按《房屋建筑与装饰工程工程量计算规范》GB 50854—2013 的计算规则，在表 3-9 工程量计算表中列式计算 16 套标准层电梯厅相关分部分项工程及单价措施项目清单工程量（楼梯间洞口两侧干挂石材工程量并入墙面；电梯厅墙面干挂石材钢骨架按 0.02t/m² 计算）。

2.《房屋建筑与装饰工程工程量计算规范》GB 50854—2013 中电梯厅吊顶天棚的编码为 011302001，企业管理费按人工、材料、机械费之和的 9％计取，利润按人工、材料、机械费、企业管理费之和的 7％计取。按《建设工程工程量清单计价规范》GB 50500—2013 的要求，结合表 3-8U 形单层轻钢龙骨、装饰板石膏板消耗量定额，在表 3-10 电梯厅吊顶天棚综合单价分析表中编制电梯厅吊顶天棚综合单价分析表。

3. 根据问题 1 和问题 2 的计算结果以及表 3-11 给定的信息，按《建设工程工程量清单计价规范》GB 50500—2013 的要求，在表 3-11 分部分项工程和单价措施项目清单与计价表中，编制该工程投标分部分项工程和单价措施项目清单与计价表。

4. 假定该工程分部分项工程费为 1800000.00 元；单价措施项目费为 15000.00 元，总价措施项目仅包括安全文明施工费，安全文明施工费按分部分项工程费的 6％计取；暂列金额为 50000.00 元，发包人供应材料费为 100000.00 元（另计总承包服务费，费率按 2％计取）；人工费占比分别为分部分项工程费的 8％、措施项目费的 19％；规费按人工费的 20％计取，增值税税率按 9％计取。按《建设工程工程量清单计价规范》GB 50500—2013 的要求，列式计算安全文明施工费、措施项目费、人工费、规费、总承包服务费、增值税；并在表 3-12 单位工程投标报价汇总表中编制该工程施工企业投标报价（不扣除发包人供应材料费）（计算过程和结果均保留两位小数）。

工程量计算表　　　　　　　　　　　　　　　　　　表 3-9

序号	项目名称	单位	计算过程	计算结果
1	电梯厅楼地面	m²		
2	电梯厅墙面	m²		
3	电梯厅墙面干挂石材钢骨架	t		
4	电梯厅过门石	m²		
5	电梯门套	m²		
6	电梯厅天棚	m²		
7	电梯厅吊顶脚手架	m²		

电梯厅吊顶天棚综合单价分析表　　　　　　　　　　表 3-10

项目编码		项目名称		计量单位		工程量	

| 清单综合单价组成明细 | | | | | | | | | | | |

定额编号	定额名称	定额单位	数量	单价（元）				合价（元）			
				人工费	材料费	机械费	管理费和利润	人工费	材料费	机械费	管理费和利润

人工日工资单价			小计	
150 元/工日			未计价材料费	

清单项目综合单价（元）							

材料费明细	主要材料名称、规格、型号	单位	数量	单价（元）	合价（元）	暂估单价（元）	暂估合价（元）
	U 形轻钢龙骨						
	装饰石膏板 600×600×12						
	其他材料费						
	材料费小计						

分部分项工程和单价措施项目清单与计价表　　　　表 3-11

序号	项目编码	项目名称	项目特征	计量单位	工程量	金额（元）	
						综合单价	合价
1	011102001001	电梯厅楼地面	云多拉灰大理石	m²		367.52	
2	011204001001	电梯厅墙面	维纳斯灰石材	m²		526.78	
3	011204004001	电梯厅墙面干挂石材钢骨架	型钢龙骨，防锈漆2遍	t		12976.82	
4	011108001001	电梯厅过门石	干硬性水泥砂浆铺砌啡网纹大理石	m²		632.13	
5	010808004001	电梯厅门套	1mm镜面不锈钢板	m²		284.29	
6	011302001001	电梯厅吊顶天棚	U形轻钢龙骨石膏板吊顶	m²			
		分部分项工程小计					
1	011701003001	电梯厅吊顶脚手架	3.3m以内	m²		28.16	
		单价措施项目小计		元			
	分部分项工程和单价措施项目小计			元		—	

单位工程投标报价汇总表　　　　表 3-12

序号	汇总内容	金额（元）
1	分部分项工程	
2	措施项目费	
2.1	其中：安全文明施工费	
3	其他项目费	
3.1	其中：暂列金额	
3.2	其中：总承包服务费	
4	规费（人工费20%）	
5	增值税9%	
6	投标报价合计＝1＋2＋3＋4＋5	

【答案解析】

1. 难度指数：☆☆☆☆

2. 本题考查内容：

（1）工程量计算考查装饰工程，重点考查楼地面工程、干挂石材墙面工程及天棚工程。楼地面工程相对简单，但有洞口开口部分增加的面积要并入楼地面工程；干挂石材墙面的高度是难点，以往干挂石材墙面都是做至天棚下部，但此题干挂石材墙面高度做至结构板下部。天棚工程量的计算也是本题的难点，天棚类型属于内外圈，但此题天棚不是从干挂石材或墙内边线开始，而是每侧从距离结构墙 250mm 处开始。

（2）工程计价方面考查了编制综合单价分析表，参见本篇"（二）详解考点第三章 2.1 工程量清单计价编制综合单价分析表"。

【答案】

1. 计算工程量（表 3-13）

工程量计算表　　　　　　　　表 3-13

序号	项目名称	单位	计算过程	计算结果
1	电梯厅楼地面	m²	$(7.6-0.1)\times(4-0.1\times2)\times16+0.3\times1\times16=460.80$	460.80
2	电梯厅墙面	m²	$[(7.6-0.1)\times3.3\times2+(4-0.1\times2)\times3.3-1.2\times2.2\times2-0.9\times1.1-1.0\times2.2+0.3\times2.2\times2]\times16=878.24$	878.24
3	电梯厅墙面干挂石材钢骨架	t	$878.24\times0.02=17.56$	17.56
4	电梯厅过门石	m²	$1.2\times(0.25+0.1)\times2\times16=13.44$	13.44
5	电梯门套	m²	$(2.2\times2+1.2)\times0.35\times2\times16=62.72$	62.72
6	电梯厅吊顶天棚	m²	$(7.6-1)\times(4.0-1)\times16=316.80$	316.80
7	电梯厅吊顶脚手架	m²	$(7.6-1)\times(4.0-1)\times16=316.80$	316.80

2. 编制综合单价分析表（表 3-14）

电梯厅吊顶天棚综合单价分析表　　　　　　　　表 3-14

项目编码	011302001001	项目名称	电梯厅吊顶天棚	计量单位	m²	工程量	316.80

清单综合单价组成明细

定额编号	定额名称	定额单位	数量	单价（元）				合价（元）			
				人工费	材料费	机械费	管理费和利润	人工费	材料费	机械费	管理费和利润
13-14	U形单层轻钢龙骨	10m²	0.10	6445.50	570.40	39.70	1173.35	644.55	57.04	3.97	117.34
13-70	装饰板石膏板	m²	1.00	16.50	39.75	1.13	9.54	16.50	39.75	1.13	9.54
人工日工资单价		小计						661.05	96.79	5.10	126.88
150 元/工日		未计价材料费									
清单项目综合单价（元）								889.82			

	主要材料名称、规格、型号	单位	数量	单价（元）	合价（元）	暂估单价（元）	暂估合价（元）
材料费明细	U形轻钢龙骨	kg	20.00	2.60	52.00		
	装饰石膏板 600×600×12	m²	1.02	34.50	35.19		
	其他材料费				9.60		
	材料费小计				96.79		

3. 编制分部分工程和单价措施项目清单与计价表（表 3-15）

分部分项工程和单位措施项目清单与计价表　　　表 3-15

序号	项目编码	项目名称	项目特征	计量单位	工程量	金额（元）	
						综合单价	合价
一			分部分项工程				
1	011102001001	电梯厅楼地面	云多拉灰大理石	m²	460.80	367.52	169353.22
2	011204001001	电梯厅墙面	维纳斯灰石材	m²	878.24	526.78	462639.27
3	011204004001	电梯厅墙面干挂石材钢骨架	型钢龙骨，防锈漆 2 遍	t	17.56	12976.82	227872.96
4	011108001001	电梯厅过门石	干硬性水泥砂浆铺砌啡网纹大理石	m²	13.44	632.13	8495.83
5	010808004001	电梯厅门套	1mm 镜面不锈钢板	m²	62.72	284.29	17830.67
6	011302001001	电梯厅吊顶天棚	U 形轻钢龙骨石膏板吊顶	m²	316.80	889.82	281894.98
		分部分项工程小计					1168086.93
二			单价措施项目				
1	011701003001	电梯厅吊顶脚手架	3.3m 以内	m²	316.80	28.16	8921.09
		单价措施项目小计		元			8921.09
	分部分项工程和单价措施项目小计			元		—	1177008.02

4. 编制单位工程投标报价汇总表

（1）列式计算安全文明施工费、措施项目费、人工费、规费、总承包服务费、增值税

1）安全文明施工费：$1800000 \times 6\% = 108000.00$（元）。

2）措施项目费：$108000 + 15000 = 123000.00$（元）。

3）人工费：$1800000 \times 8\% + 123000 \times 19\% = 167370.00$（元）。

4）规费：$167370 \times 20\% = 33474.00$（元）。

5）总承包服务费：$100000 \times 2\% = 2000.00$（元）。

6）增值税：$(1800000 + 123000 + 33474 + 50000 + 2000) \times 9\% = 180762.66$（元）。

（2）编制该工程投标报价（表 3-16）

单位工程投标报价汇总表　　　表 3-16

序号	汇总内容	金额（元）
1	分部分项工程	1800000.00
2	措施项目费	123000.00
2.1	其中：安全文明施工费	108000.00
3	其他项目费	52000.00
3.1	其中：暂列金额	50000.00
3.2	其中：总承包服务费	2000.00
4	规费（人工费 20%）	33474.00
5	增值税 9%	180762.66
6	投标报价合计＝1+2+3+4+5	2189236.66

【强化训练 3】地基处理与边坡支护

某项目边坡支护工程开始办理竣工结算事宜，边坡支护采用两种方式：方式一，挂钢筋网

喷射混凝土及锚杆支护；方式二，采用地下连续墙支护。采用挂网喷射混凝土支护方式的一侧在基坑外采用止水帷幕对地下水进行处理，基坑内设置疏干井。具体如图3-35～图3-38所示。

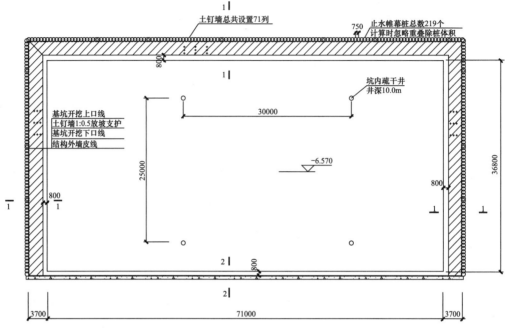

设计说明：
1.地面平均标高为-1.40m，基坑开挖深度按5.17m考虑。
2.根据基坑开挖深度及周边情况将基坑设计为两种支护方式，情况如下：
2.1基坑支护1-1剖面：采取1：0.5放坡做土钉墙支护施工，支护剖面设计三道土钉，铺设200mm×200mm的钢筋网，面层喷射100mm的C20混凝土。
2.2基坑支护2-2剖面：采用500厚地下连续墙支护施工，混凝土强度等级为C30。
3.基坑支护1-1剖面设计止水帷幕对地下水进行处理，降低地下水位，保证干槽施工。止水帷幕桩桩径为900mm，水平间距为750mm。
坑内设置4孔疏干井，井深10m。

图 3-35　基坑支护平面布置图

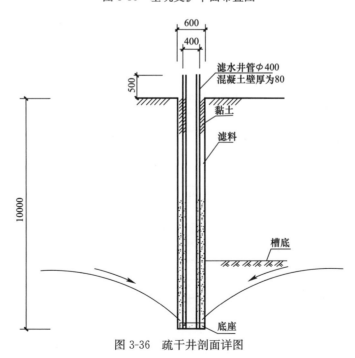

图 3-36　疏干井剖面详图

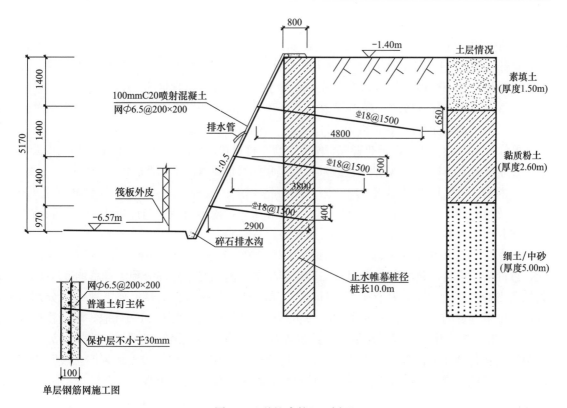

图 3-37　基坑支护 1-1 剖面

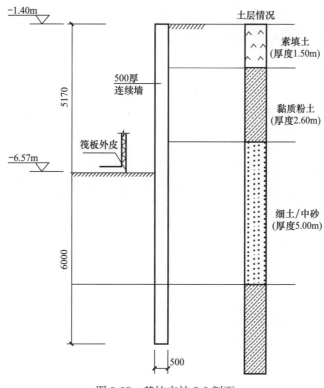

图 3-38　基坑支护 2-2 剖面

问题：

1. 根据工程设计图纸、技术参数及表 3-17 中给定的信息，按《房屋建筑与装饰工程工程量计算规范》GB 50854—2013 的计算规则，在表 3-17 工程量计算表中列式计算边坡支护工程相关分部分项工程结算工程量（地下连续墙综合钢筋含量为 71.74kg/m³）。

2. 招标人将地下连续墙分项工程中的 C30 预拌混凝土设定为暂估材料，除税暂估单价为 410 元/m³。实际除税采购价格为 420 元/m³。若该清单项目混凝土消耗量为 1.015；投标综合单价为 897.88 元/m³，企业管理费按人工费、材料费、机械费的 13％计取，利润按人工费、管理费的 7％计取。计算地下连续墙分项工程因暂估材料价格调整后的综合单价。

3. 根据问题 1 和问题 2 的计算结果，按《建设工程工程量清单计价规范》GB 50500—2013 的要求，在表 3-18 分部分项工程和单价措施项目清单与计价表中，编制该工程分部分项工程和单价措施项目清单与计价表。

4. 假定该工程结算时分部分项工程费为 2000000.00 元；单价措施项目费为 15000.00 元，总价措施项目仅包括安全文明施工费，安全文明施工费按分部分项工程费的 8％计取；其他项目费中发生计日工为 800 个工日，人工综合单价 100 元/工日；人工费占比分别为分部分项工程费的 8％、措施项目费的 19.6％；规费按照人工费的 21％计取，增值税税率按 9％计取。按《建设工程工程量清单计价规范》GB 50500—2013 的要求，列式计算安全文明施工费、措施项目费、人工费、规费、增值税；并在表 3-19"竣工结算汇总表"中编制该工程单位工程竣工结算汇总表（计算过程和结果均保留两位小数）。

工程量计算表　　　　　　　　　　　　　　　　　　　　　表 3-17

序号	项目名称	单位	计算过程	计算结果
1	地下连续墙	m³		
2	土钉	m		
3	止水帷幕	m		
4	钢筋	t		
5	混凝土疏干井	m³		
6	成井（降水井）	m		

分部分项工程和单价措施项目清单与计价表　　　　　　　　　表 3-18

序号	项目编码	项目名称	项目特征	计量单位	工程量	综合单价	合价
						金额（元）	
一			分部分项工程				
1	010202009001	喷射混凝土	面层喷射 C20 预拌混凝土 厚度 100mm	m²	893.41	189.56	
2	010202001001	地下连续墙	C30 预拌混凝土	m³			
3	010202008001	土钉	土钉 φ18mm，间距 1.5m	m		123.09	
4	010201009001	止水帷幕	桩径 900mm，水平间距 0.75m	m		467.35	
5	010515001001	钢筋	—	t		5624.19	
6	010507006001	疏干井	基坑内做疏干井 混凝土壁厚 80mm	m³		538.32	

续表

序号	项目编码	项目名称	项目特征	计量单位	工程量	金额（元）	
						综合单价	合价
		分部分项工程小计		元			
二			单价措施项目				
1	011706001001	成井	滤水井管 φ400 滤管类型：中粗砂滤料	m		145.89	
2	011706002001	排水降水	槽深 10m	天	280.00	6.47	
		单价措施项目小计		元			
	分部分项工程和单价措施项目小计			元		—	

单位工程竣工结算汇总表 表 3-19

序号	汇总内容	金额（元）
1	分部分项工程	
2	措施项目费	
2.1	其中：安全文明施工费	
3	其他项目费	
3.1	其中：计日工	
4	规费（人工费 21%）	
5	增值税 9%	
6	竣工结算价合计＝1＋2＋3＋4＋5	

【答案解析】

1. 难度指数：☆☆☆

2. 本题考查内容：

（1）工程量计算地基处理与边坡支护工程，难点在于地下连续墙长度的确定、土钉长度的确定、混凝土疏干井工程量的计算。土钉工程量的计算仅在 2014 年真题中出现过。本题中土钉难点是通过直角三角形确定土钉长度，只有看懂"图中标记两个直角边的尺寸"，才能做对本小问。疏干井工程量按圆环面积×高度计算疏干井工程量；成井是单价措施项目工程量。

（2）工程计价考查了因材料暂估价调整计算调整后综合单价，详见本篇"（二）详解考点第三章 2.1 工程量清单计价中计算要素消耗量考题类型三"。

【答案】

1. 计算工程量（表 3-20）

工程量计算表 表 3-20

序号	项目名称	单位	计算过程	计算结果
1	地下连续墙	m^3	$(71+3.7×2)×0.5×(6+5.17)$	437.86
2	土钉	m	$71×\sqrt{(4.8^2+0.65^2)}+\sqrt{(3.8^2+0.5^2)}+\sqrt{(2.9^2+0.4^2)}$	823.89
3	止水帷幕	m	$219×10$	2190.00

续表

序号	项目名称	单位	计算过程	计算结果
4	钢筋	t	$(437.86×71.74)/1000$	31.41
5	混凝土疏干井	m^3	$10.5×[0.2^2-(0.2-0.08)^2]×3.14×4$	3.38
6	成井（降水井）	m	$10×4$	40.00

2. 计算地下连续墙分项工程调整后综合单价

地下连续墙分项工程调整后综合单价：$897.88+(420-410)×1.015×1.13×1.07=910.15$（元/$m^3$）。

3. 计算分部分项工程和单价措施项目清单与计价表（表3-21）

分部分项工程和单价措施项目清单与计价表　　　　表3-21

序号	项目编码	项目名称	项目特征	计量单位	工程量	综合单价	合价
一			分部分项工程				
1	010202009001	喷射混凝土	面层喷射C20预拌混凝土厚度100mm	m^2	893.41	189.56	169354.80
2	010202001001	地下连续墙	C30预拌混凝土	m^3	437.86	910.15	398518.28
3	010202008001	土钉	土钉$\phi18mm$，间距1.5m	m	823.89	123.09	101412.62
4	010201009001	止水帷幕	桩径900mm，水平间距0.75m	m	2190.00	467.35	1023496.50
5	010515001001	钢筋	—	t	31.41	5624.19	176655.81
6	010507006001	疏干井	基坑内做疏干井混凝土壁厚80mm	m^3	3.38	538.32	1819.52
		分部分项工程小计		元			1871257.53
二			单价措施项目				
1	011706001001	成井（降水井）	滤水井管$\phi400$滤管类型：中粗砂滤料	m	40.00	145.89	5835.60
2	011706002001	排水降水	槽深10m	天	280.00	6.47	1811.60
		单价措施项目小计		元			7647.20
		分部分项工程和单价措施项目小计		元		—	1878904.73

4. 编制单位工程竣工结算汇总表

（1）列式计算安全文明施工费、措施项目费、人工费、规费、增值税

1）安全文明施工费：$2000000×8\%=160000.00$（元）。

2）措施项目费：$160000+15000=175000.00$（元）。

3）人工费：$2000000×8\%+175000×19.6\%=194300.00$（元）。

4）规费：$194300.00×21\%=40803.00$（元）。

5）增值税：$(2000000+175000+40803+80000)×9\%=206622.27$（元）。

（2）编制该工程竣工结算价（表3-22）

单位工程竣工结算汇总表　　　　　　　　　　表 3-22

序号	汇总内容	金额（元）
1	分部分项工程	2000000.00
2	措施项目费	175000.00
2.1	其中：安全文明施工费	160000.00
3	其他项目费	80000.00
3.1	其中：计日工	80000.00
4	规费（人工费 21%）	40803.00
5	增值税 9%	206622.27
6	竣工结算价＝1＋2＋3＋4＋5	2502425.27

第四章 建设工程招标投标

（一）汇总考点

```
           ┌─1.1 招标方式（一般考点）
           ├─1.2 资格预审文件、招标文件相关时间规定（重要考点）
1. 招标阶段  ├─1.3 资格预审文件（重要考点）
           ├─1.4 招标文件（重要考点）
           └─1.5 其他规定（一般考点）

           ┌─2.1 联合体投标（重要考点）
2. 投标阶段  ├─2.2 编制投标文件（重要考点）
           └─2.3 其他规定（一般考点）

               ┌─3.1 开标规定（一般考点）
3. 开标、评标阶段 ├─3.2 清标规定（一般考点）
               ├─3.3 评标规定（重要考点）
               └─3.4 初步评审、详细评审（重要考点）

4. 确定中标人、签  ┌─4.1 公示中标候选人（一般考点）
订中标合同阶段    ├─4.2 确定中标人（重要考点）
               ├─4.3 发出中标通知书、提交招标投标报告（一般考点）
               └─4.4 签订中标合同（重要考点）
```

（二）详解考点

1. 招标阶段

1.1 招标方式（一般考点）

招标、投标阶段

	内容	详解要点
招标 方式	（1）公开招标： 1）发布招标公告： 发布招标公告 ➡ 发售招标文件 ➡ 组织踏勘现场、投标预备会	直接获取招标文件
	2）发布资格预审公告：招标人可以根据招标项目本身的特点和需要，**要求潜在投标人或者投标人提供满足其资格要求的文件**，对潜在投标人或者投标人进行资格审查 发布资格预审公告 ➡ 发售资格预审文件 ➡ 递交资格预审申请文件 ➡ 资格预审 组织踏勘现场、投标预备会 ⬅ 发售招标文件 ⬅ 发出投标邀请书	依据资格预审结果发出投标邀请书，以投标邀请书获取招标文件
	（2）邀请招标： 由招标人申请，由相关行政监督部门或项目部门作出认定后，才可以邀请招标。 发出投标邀请书 ➡ 发售招标文件 ➡ 组织踏勘现场、投标预备会	不是由招标人决定是否采用邀请招标

1.2 资格预审文件、招标文件相关时间规定（重要考点）

	公式	详解要点
资格预审文件、招标文件相关时间规定	（1）发售资格预审文件、招标文件时间：资格预审文件或者招标文件的发售期不得少于 5 日	
	（2）提交资格预审申请文件、投标文件时间： 1）依法必须进行招标的项目提交资格预审申请文件的时间，自资格预审文件停止发售之日起不得少于 5 日。 2）招标人应当确定投标人编制投标文件所需要的合理时间；但是，依法必须进行招标的项目，自招标文件开始发出之日至投标人提交投标文件截止之日止，最短不得少于 20 日	（1）规定提交投标文件的截止时间，不规定开始接受投标文件的时间。 （2）招标人可以约定开始接受投标文件的时间，但提交投标文件的截止时间必须符合规定
	（3）资格预审文件、招标文件澄清或修改时间： 1）招标人可以对已发出的资格预审文件或者招标文件进行必要的澄清或者修改。 2）招标人应当在提交资格预审申请文件截止时间至少 3 日前，或者投标截止时间至少 15 日前，以书面形式通知所有获取资格预审文件或者招标文件的潜在投标人。 3）不足 3 日或者 15 日的，招标人应当顺延提交资格预审申请文件或者投标文件的截止时间	招标人提出澄清或修改时间距离提交截止时间大于 3 日或 15 日（阴影区域），招标人不顺延提交资格预审申请文件或者投标文件的截止时间 资格预审：提交截止时间 3 日前　提交截止时间 招标文件：提交截止时间 15 日前
	（4）潜在投标人对资格预审文件、招标文件提出异议时间： 1）潜在投标人或者其他利害关系人对资格预审文件有异议的，应当在提交资格预审申请文件截止时间 2 日前提出。 2）对招标文件有异议的，应当在投标截止时间 10 日前提出。 3）招标人应当自收到异议之日起 3 日内作出答复；作出答复前，应当暂停招标投标活动	规定潜在投标人或者其他利害关系人提出异议时间距离提交截止时间大于 2 日或 10 日（阴影区域） 资格预审：提交截止时间 2 日前　提交截止时间 招标文件：提交截止时间 10 日前

1.3 资格预审文件（重要考点）

	公式	详解要点
资格预审文件	（1）资格审查应主要审查潜在投标人或者投标人是否符合下列条件： 1）申请人应具备承担本工程施工的资质条件、能力。 ① 资质条件：如房屋建筑工程施工总承包特级。 ② 财务要求：如净资产不少于 800 万元。具体年份要求为近＿＿年，指＿＿年起至＿＿年止。 ③ 业绩要求。 ④ 拟投入生产资源情况要求：项目经理、技术负责人、其他项目管理人员、主要施工机械。 ⑤ 其他要求。 2）是否接受联合体（招标人可以接受联合体投标，也可以不接受联合体投标）。 3）申请人信誉要求：招标人约定采用限制性或否决性失信被执行人（招标人可以不接受有失信被执行人记录的潜在投标人或投标人；招标人也可以接受有失信被执行人记录的潜在投标人或投标人）	资格预审与资格后审的区别与联系： （1）资格预审条件与资格后审审核条件一致；左侧 1）2）3）条内容属于招标人可以对潜在投标人或投标人提出的资格要求。 （2）资格预审在获取招标文件前审查潜在投标人或投标人的资格条件；招标人向通过资格预审的潜在投标人发出资格预审合格通知书，告知获取招标文件的时间、地点和方法。 （3）资格后审在评标阶段审查投标人资格条件
	（2）资格预审结果及审核委员会： 1）不符合资格预审文件中任何一项资质要求（上述三条）的投标人不能通过资格预审。 2）审核委员会由招标人的代表和有关技术、经济等方面的专家组成，成员人数为 5 人以上单数。其中，技术、经济等方面的专家不得少于成员总数的 2/3	

1.4 招标文件（重要考点）

	公式	详解要点
招标文件	**（1）标准施工招标文件：** 1）建设项目招标文件由招标人（或其委托的咨询机构）编制，**由招标人发布。招标文件既是投标单位编制投标文件的依据，也是招标人与中标人签订工程承包合同的基础。**招标文件中提出的各项要求，对整个招标工作乃至发承包双方都具有约束力，因此招标文件的编制及其内容必须符合有关法律法规的规定。 2）编制依法必须进行招标的项目的资格预审文件和招标文件，应当使用国务院发展改革部门会同有关行政监督部门制定的标准文本	
	（2）招标文件组成： 1）招标公告或投标邀请书。 2）投标人须知。 3）合同主要条款。 4）投标文件格式。 5）采用工程量清单（招标控制价）招标的，应当提供工程量清单。 6）技术条款。 7）设计图纸。 8）评标标准和方法。 **9）投标辅助材料**	**记忆"招标文件组成"的技巧：** （1）投标涉及内容（5项）：投标人须知、投标文件格式、工程量清单（招标控制价）、技术条款、设计图纸。 （2）符合公平、公正原则（2项）：合同主要条款、评标标准和方法。 （3）其他内容（2项）：招标公告或投标邀请书、投标辅助材料
招标文件——投标人须知	**（1）踏勘现场、投标预备会：** 1）踏勘现场： ① 招标人根据招标项目的具体情况，可以组织投标人踏勘项目现场；也可以不组织踏勘现场。 ② 投标人依据招标人介绍情况作出的判断和决策，由投标人自行负责。 ③ **招标人不得单独或者分别组织任何一个投标人进行踏勘现场。** 2）投标预备会： ① 招标人可以组织召开投标预备会；也可以不组织召开投标预备会。 ② 招标人可以规定投标人提交书面问题的时间，投标人必须在招标人规定的时间内提交书面问题，逾期提交的问题招标人不作解答。 ③ 投标人对踏勘现场、招标文件（含图纸）提出的问题，招标人均应作出解释。 ④ **投标预备会后，招标人在规定的时间内，将对投标人所提问题的澄清通知所有购买招标文件的投标人；该澄清内容为招标文件的组成部分**	**投标预备会** （1）招标人可以在招标文件中约定投标人提出问题的时间。 （2）澄清包括图纸中的问题。 （3）由于目前普遍采用电子化投标，招标人澄清不强制以书面形式通知所有获得招标文件的投标人
	（2）分包：招标人在投标人须知中明确是否接受分包，招标人可以不接受分包；也可以接受分包	
	（3）投标有效期：招标人应当在招标文件中载明投标有效期。投标有效期从提交投标文件的截止之日起算	
	（4）投标保证金： 1）招标人在招标文件中要求投标人提交投标保证金的，投标保证金不得超过招标项目估算价（控制价）的2%。投标保证金有效期应当与投标有效期一致。一般项目投标有效期为60～90天。 2）投标保证金形式由招标人在招标文件中规定，投标保证金应在投标截止时间前递交。 3）出现下列情况的，投标保证金将不予返还： ① 投标人在规定的投标有效期内撤销或修改其投标文件。 ② 中标人在收到中标通知书后，无正当理由拒签合同协议书或未按招标文件规定提交履约担保。 4）投标保证金返还的时间： ① 投标人撤回已提交的投标文件，应当在投标截止时间前书面通知招标人。招标人已收取投标保证金的，应当自收到投标人书面撤回通知之日起5日内退还。 ② 招标人最迟应当在书面合同签订后5日内向中标人和未中标的投标人退还投标保证金及银行同期存款利息	（1）取消"投标保证金不得超过80万元"的规定。 （2）投标保证金的形式由招标人在招标文件中规定：例如，现金、保函（包括银行保函）、信用证、银行汇票、电汇、转账支票等形式

	公式	详解要点
招标文件—投标人须知	(5) 评标委员会组建方法： 1) 依法必须进行招标的项目，其评标委员会由招标人的代表和有关技术、经济等方面的专家组成，成员人数为5人以上单数。其中：技术、经济等方面的专家不得少于成员总数的2/3。 2) 一般招标项目可以采取随机抽取方式，特殊招标项目可以由招标人直接确定；由总包单位组织招标暂估专业工程施工项目，若属于特殊招标项目，应由招标人同意组成评标委员会的成员	
	(6) 评标方法： 1) 经评审的最低投标价法：按照《评标委员会和评标方法暂行规定》，经评审的最低投标价法一般适用于具有通用技术、性能标准或者招标人对其技术、性能没有特殊要求的招标项目。 2) 不宜采用经评审的最低投标价法的招标项目，一般应当采取综合评估法进行评审	由招标人按照评标规定确定评标方法，评标方法不由评标委员会确定；评标委员会仅依据评标方法评标
招标文件—工程量清单	(1) 规定： 1) 招标工程量清单应由具有编制能力的招标人或受其委托的工程造价咨询人编制。 2) 招标工程量清单必须作为招标文件的组成部分，其准确性和完整性应由招标人负责	准确性和完整性应由招标人负责。因工程量清单问题引起价款调整，应由招标人承担
	(2) 编制依据： 1)《建设工程工程量清单计价规范》GB 50500—2013以及各专业工程量计量规范（独有）。 2) 国家或省级、行业建设主管部门颁发的计价定额和办法。 3) 建设工程设计文件及相关资料。 4) 与建设工程有关的标准、规范、技术资料。 5) 拟定的招标文件。 6) 施工现场情况、地勘水文资料、工程特点及常规施工方案	(1) 工程量清单涉及工程量编制，仅工程量清单编制依据包括各专业工程量计量规范。 (2) 招标控制价、投标报价的编制依据都不包括各专业工程量计量规范
	(3) 分部分项工程量清单编制规定：在编制工程量清单时，必须对项目特征进行准确和全面的描述	
	(4) 措施项目工程量清单编制规定： 1) 总价措施项目只列编码及项目名称； 2) 单价措施项目列编码、项目名称、项目特征、单位及工程量	措施项目包括可计量部分单价措施项目和不可计量部分总价措施项目，因此措施项目各部分所列内容不同
	(5) 其他项目工程量清单编制规定： 1) 暂列金额：招标人填写金额。 2) 专业工程暂估价：招标人填写综合暂估价，包括规费、税金以外的管理费和利润等。 3) 材料、设备暂估价：招标人填写单价。 4) 计日工：招标人填写数量。 5) 总承包服务费：招标人只列项目内容、要求	(1) 材料、设备暂估单价：招标人只列明暂估单价，不包括管理费、利润。 (2) 总承包服务费：计费基数是专业工程暂估价，但总承包服务费属于可竞争费用，因此工程量清单中不列明总包服务费费率
招标文件—合同条款	(1) 合同中明确计价中的风险及其范围，不得采用无限风险、所有风险或类似语句规定计价中的风险内容及范围。 (2) 按照标准施工招标文件编制的招标文件，通用条款不得删除，专用条款、协议书由招标人根据项目自行补充。 (3) 合同文件的优先解释顺序：合同协议书、中标通知书、投标函、专用条款、通用条款。 (4) 发包人向承包人提供履行合同所需的相应基础资料，并保证资料的真实性、准确性和完整性	(1) 合同中明确计价中的风险及其范围的实质：合同中是否约定价格调整方式。 (2) 发包人对合同中资料的真实性、准确性和完整性负责；例如"招标人在招标文件中明确不对其提供的地质资料的准确性负责"，此做法不符合本条规定

	公式	详解要点
招标文件—招标控制价	（1）规定 1）招标人设有最高投标限价的，应当在招标文件中明确最高投标限价及编制依据与方法。招标人不得规定最低投标限价。 2）国有资金投资的建设工程招标，招标人必须编制最高投标限价。 3）最高投标限价应由具有编制能力的招标人或受其委托的工程造价咨询人编制和复核。 4）工程造价咨询人接受招标人委托编制最高投标限价，不得再就同一工程接受投标人委托编制投标报价。 5）最高投标限价应当依据工程量清单、工程计价有关规定和市场价格信息等编制，并不得进行上浮或下调	
	（2）编制依据 1）《建设工程工程量清单计价规范》GB 50500—2013。 2）拟定的招标文件和招标工程量清单。 3）国家或省级、行业建设主管部门颁发的计价定额和计价办法。 4）建设工程设计文件及相关资料。 5）与建设项目相关的标准、规范、技术资料。 6）施工现场情况、工程特点和施工方案。 7）工程造价管理机构发布的工程造价信息，当工程造价信息没有发布时，参照市场价	最高投标限价编制依据不包括企业定额及各专业工程量计量规范
	（3）编制规定 1）综合单价中应包括招标文件中划分的应由投标人承担的风险范围及费用。 2）不可竞争的措施项目、规费及税金等费用的计算均属于强制性条款，编制最高投标限价时应按国家有关规定计算	

1.5 其他规定（一般考点）

	公式	详解要点
其他规定—标底、限制潜在投标人	（1）标底 1）招标人可以自行决定是否编制标底，一个招标项目只能有一个标底。标底必须保密，招标项目可以不设标底。 2）招标项目设有标底的，招标人应当在开标时公布。 3）接受委托编制标底的中介机构不得参加受托编制标底项目的投标，也不得为该项目的投标人编制投标文件或者提供咨询	
	（2）限制潜在投标人 1）招标人不得以不合理的条件限制、排斥潜在投标人或者投标人。 2）招标人有下列行为之一的，属于以不合理条件限制、排斥潜在投标人或者投标人： ①就同一招标项目向潜在投标人或者投标人提供有差别的项目信息； ②设定的资格、技术、商务条件与招标项目的具体特点和实际需要不相适应或者与合同履行无关； ③依法必须进行招标的项目以特定行政区域或者特定行业的业绩、奖项作为加分条件或者中标条件； ④对潜在投标人或者投标人采取不同的资格审查或者评标标准； ⑤限定或者指定特定的专利、商标、品牌、原产地或者供应商； ⑥依法必须进行招标的项目非法限定潜在投标人或者投标人的所有制形式或者组织形式； ⑦以其他不合理条件限制、排斥潜在投标人或者投标人	

2. 投标阶段
2.1 联合体投标（重要考点）

公式	详解要点
（1）学习思路： 联合体成立 → 联合体投标 → 联合体中标	
（2）联合体成立： 1）联合体成立条件：招标人应当在资格预审公告、招标公告或者投标邀请书中载明是否接受联合体投标。 2）联合体成立时间：资格预审后联合体增减、更换成员的，其投标无效	招标人允许以联合体方式投标的，才可以成立联合体
（3）联合体投标： 1）联合体各方资质要求 ① 由同一专业的单位组成的联合体，按照资质等级较低的单位确定资质等级。 ② 国家有关规定或者招标文件对投标人资格条件有规定的，联合体各方均应当具备规定的相应资格条件。 2）联合体协议书 ① 联合体各方应当签订共同投标协议，明确约定各方拟承担的工作和责任，并将共同投标协议连同投标文件一并提交招标人。 ② 联合体各方应当指定牵头人，授权其代表所有联合体成员负责投标和合同实施阶段的主办、协调工作，并应当向招标人提交由所有联合体成员法定代表人签署的授权书。 ③ 联合体各方签订共同投标协议后，不得再以自己名义单独投标，也不得组成新的联合或参加其他联合体在同一项目中投标。联合体各方在同一招标项目中以自己名义单独投标或者参加其他联合体投标的，相关投标均无效	（1）联合体各方均应满足招标人设定的资格条件。 （2）联合体投标协议书与合同协议书不同；联合体协议书是投标文件的组成内容
（4）联合体中标：联合体中标的，联合体各方应当共同与招标人签订合同，就中标项目向招标人承担连带责任	

2.2 编制投标文件（重要考点）

公式	详解要点
（1）复核工程量： 1）复核目的 ① 根据复核后的工程量与招标文件提供的工程量之间的差距，考虑投标策略。 ② 根据工程量的大小采取合适的施工方法，选择适用、经济的施工机具设备、投入使用相应的劳动力数量等。 ③ 无论投标人是否复核工程量，工程量准确性和完整性均由招标人承担。 2）招标工程量清单特征描述或清单工程量与设计图纸不符，投标人处理方式如下： ① 处理方式一：以招标工程量清单中项目特征或工程量为依据编制投标文件。 ② 处理方式二：投标人在规定时间内（投标预备会规定提出问题的时间）向招标人提出。 ③ 不允许投标人修改工程量清单中的任何内容	例如，招标人要求投标人复核工程量，不对工程量准确性负责。不符合第（1）条中的规定

左侧栏：联合体投标 ／ 编制投标文件

	公式	详解要点
编制投标文件	(2) 编制依据： 1)《建设工程工程量清单计价规范》GB 50500—2013。 2) 国家或省级、行业建设主管部门颁发的计价办法。 3) 企业定额，国家或省级、行业建设主管部门颁发的计价定额。 4) 招标文件、工程量清单及其补充通知、答疑纪要。 5) 建设工程设计文件及相关资料。 6) 施工现场情况、工程特点及投标时拟定的施工组织设计或施工方案。 7) 与建设项目相关的标准、规范等技术资料。 8) 市场价格信息或工程造价管理机构发布的工程造价信息	投标文件编制依据不包括各专业工程量计量规范
	(3) 分部分项工程计价表编制规定： 1) 不允许投标人修改工程量清单中的任何内容。 2) 材料、工程设备暂估价：招标文件在其他项目清单中提供了暂估单价的材料和工程设备，应按其暂估的单价计入清单项目的综合单价中。 3) 未填写分部分项工程单价和合价： ① 未填写单价和合价的项目，可视为此项费用已包含在已标价工程量清单中其他项目的单价和合价之中；结算时，此项目不得重新组价或调整。 ② 评标人不能以投标人没有填报某项目单价和合价而否决其投标。 4) 考虑合理风险： ① 招标文件中要求投标人承担的风险费用，投标人应考虑计入综合单价。 ② 在施工过程中，当出现的风险内容及其范围（幅度）在招标文件规定的范围（幅度）内时，综合单价不得变动，合同价款不作调整。 ③ 评标人不能以投标人没有考虑风险费用而否决其投标	例如，投标人报价时未考虑投标人应承担的风险费用，评标人认为投标人没有对招标文件进行实质性响应，否决了投标人的投标文件。不符合第 4) 条的规定
	(4) 措施项目费计价表编制规定：措施项目费由投标人自主报价，其中安全文明施工费必须按照国家或省级、行业建设主管部门的规定计价，不得作为竞争性费用。招标人不得要求投标人对该项费用进行优惠，投标人也不得将该项费用参与市场竞争	例如，将安全文明施工费按预计发生费用填报。不符合本条规定
	(5) 其他项目费计价表编制规定： 1) 暂列金额：应按照招标人提供的其他项目清单中列出的金额填写，不得变动。 2) 专业工程暂估价：应按照招标人提供的其他项目清单中列出的金额填写。 3) 计日工：应按工程量清单列出的项目及数量自主确定综合单价。 4) 总承包服务费：费率及金额由投标人自主确定	(1) 材料暂估单价：因材料暂估单价已计入分部分项工程项目清单计价表，其他项目费计价表中不再出现材料、工程设备暂估单价。 (2) 总承包服务费：总承包服务费计取基数是专业工程暂估价，但总承包服务费计取费率由投标人自主确定
	(6) 投标报价汇总规定：投标人的投标总价应当与组成工程量清单的分部分项工程费、措施项目费、其他项目费和规费、税金的合计金额相一致，即投标人在进行工程量清单招标的投标报价时，不能进行投标总价优惠（或降价、让利），投标人对投标报价的任何优惠（或降价、让利）均应反映在相应清单项目的综合单价中	投标人不能直接对投标总价优惠（或降价、让利），投标总价是合计金额，应对各相应清单项目综合单价优惠（或降价、让利）

续表

公式	详解要点
（7）其他规定：投标函附录在满足招标文件实质性要求的基础上，可以提出比招标文件要求更有利于招标人的承诺	（1）例如，投标人在投标函附录中提出预付款比例比合同条款中的预付款比例低10%的条件。此做法符合规定，不属于投标人未对招标文件作出实质性响应 （2）例如，投标人在投标函附录中提出比招标文件中投标保证金缩短10天的要求。属于投标人未对招标文件作出实质性响应
（8）投标报价法： 1）不平衡报价法： ① 资金收入早、工程量要增加的单价报的高。 ② 资金收入晚，工程量要减少的单价报的低。 2）多方案报价法：指对投标人有利，因招标文件苛刻，为投标人做的变动。 3）增加建议法：指对招标人有利的方案	（1）多方案报价法：招标文件苛刻，例如"工期相对紧张"。 （2）增加建议法："建议"指对他人建议，从招标人角度考虑，提出的建议对招标人有利

（左侧合并单元格：编制投标文件）

2.3 其他规定（一般考点）

公式	详解要点
（1）不得投标： 1）与招标人存在利害关系可能影响招标公正性的法人、其他组织或者个人，不得参加投标。 2）单位负责人为同一人或者存在控股、管理关系的不同单位，不得参加同一标段投标或者未划分标段的同一招标项目投标	案例分析考试不涉及
（2）递交、修改、撤回投标文件： 1）递交： ① 投标人应当在招标文件要求提交投标文件的截止时间前，将投标文件送达投标地点。 ② 投标人少于3个的，招标人应当依法重新招标。 2）修改：投标人在招标文件要求提交投标文件的截止时间前，可以补充、修改或者撤回已提交的投标文件，并书面通知招标人。补充、修改的内容为投标文件的组成部分。 3）撤回： ① 投标人撤回已提交的投标文件，应当在投标截止时间前书面通知招标人。 ② 招标人已收取投标保证金的，应当自收到投标人书面撤回通知之日起5日内退还。 ③ 投标截止后投标人撤销投标文件的，招标人可以不退还投标保证金	
（3）拒收投标文件：未通过资格预审的申请人提交的投标文件，以及逾期送达或者不按照招标文件要求密封的投标文件，招标人应当拒收	案例分析考试不涉及

（左侧合并单元格：其他规定）

3. 开标、评标阶段

3.1 开标规定（一般考点）

	公式	详解要点
开标规定	（1）开标时间、地点、主持人：开标应当在招标文件确定的提交投标文件截止时间的同一时间公开进行；开标地点应当为招标文件中预先确定的地点。开标由招标人主持，邀请所有投标人参加	案例分析考试不涉及
	（2）开标工作内容： 1）开标时，由投标人或者其推选的代表检查投标文件的密封情况，也可以由招标人委托的公证机构检查并公证；经确认无误后，由工作人员当众拆封，宣读投标人名称、投标价格和投标文件的其他主要内容。 2）招标人在招标文件要求提交投标文件的截止时间前收到的所有投标文件，开标时都应当当众予以拆封、宣读。 3）投标人少于 3 个的，不得开标；招标人应当重新招标。投标人对开标有异议的，应当在开标现场提出，招标人应当当场作出答复，并制作记录	（1）招标人仅宣读投标人投标报价及其他主要内容，不否决投标文件；只有评标委员会且在评审阶段否决投标文件。例如，开标时，招标人宣读投标报价及主要内容，发现投标人 B 暂列金额未按照工程量清单中暂列金额填写，招标人否决投标人 B 的投标文件。不符合第 1）条的规定。 （2）开标工作实质：检查投标文件密封情况和宣读投标文件主要内容，不做评标工作
	（3）标底：招标项目设有标底的，招标人应当在开标时公布	

3.2 清标规定（一般考点）

	公式	详解要点
清标	（1）清标与评标顺序： 清标 → 初步评审 → 详细评审 评标前　　　　　　评标	清标不属于评标阶段，属于评标前工作
	（2）清标：根据《建设工程造价咨询规范》GB/T 51095—2015 规定，清标是指招标人或工程造价咨询人在开标后且在评标前，对投标人的投标报价是否响应招标文件、违反国家有关规定，以及报价的合理性、算术性错误等进行审查并出具意见的活动	 开标、评标阶段

3.3 评标规定（重要考点）

	公式	详解要点
评标规定	（1）评标时间：超过三分之一的评标委员会成员认为评标时间不够的，招标人应当适当延长	
	（2）评标方法：评标委员会成员应当按照招标文件规定的评标标准和方法，客观、公正地对投标文件提出评审意见。招标文件没有规定的评标标准和方法不得作为评标的依据。标底只能作为评标的参考，不得以投标报价是否接近标底作为中标条件，也不得以投标报价超过标底上下浮动范围作为否决投标的条件	评标委员会不对建设项目制定评标办法；评标委员会仅按照招标文件规定的评标标准和方法，作出评审意见

3.4 初步评审、详细评审（重要考点）

	公式	详解要点
初步评审、详细评审—初步评审	（1）初步评审、详细评审内容： 1）初步评审内容及顺序： ① 形式评审； ② 资格评审； ③ 响应性评审； ④ 投标偏差分析； ⑤ 投标文件澄清、说明或补正； ⑥ 报价算术错误修正； ⑦ 经初步评审后否决投标。 2）详细评审内容：按照综合评估或经评审最低投标报价法评标	（1）左侧是评审阶段完整内容；初步评审顺序如下： ①→②→③→④→⑤→⑥→⑦ （2）综合评估或经评审最低投标报价法是指详细评审阶段的评审方法
	（2）形式评审、资格评审、响应性评审内容： 1）形式评审：提交格式是否符合招标文件要求。 2）资格评审：招标人对资质等级、近年财务状况、近年完成的类似工程业绩等提出要求。 3）响应性评审：提交内容是否符合招标文件实质性要求	投标人的资格、投标文件的提交格式以及对招标文件的实质性响应，不符合上述任何一项要求将被否决投标
	（3）投标文件澄清、说明或补正： 1）澄清、说明或补正包括投标文件中含义不明确、对同类问题表述不一致或者有明显文字和计算错误的内容。 2）投标人的澄清、说明应当采用书面形式，但是澄清、说明或补正不得超出投标文件的范围或者改变投标文件的实质性内容。 3）评标委员会不得向投标人提出带有暗示性或诱导性的问题，或向其明确投标文件中的遗漏和错误。同时，评标委员会不接受投标人主动提出的澄清、说明或补正	
	（4）报价算术错误修正：投标报价有算术错误的，评标委员会按以下原则对投标报价进行修正，修正的价格经投标人书面确认后具有约束力。投标人不接受修正价格的，其投标被否决。 1）投标文件中的大写金额与小写金额不一致的，以大写金额为准。 2）总价金额与依据单价计算出的结果不一致的，以单价金额为准修正总价，但单价金额小数点有明显错误的除外	

	公式	详解要点
初步评审、详细评审—初步评审	（5）有下列情形之一的，评标委员会应当否决其投标： 1）投标文件未经投标单位盖章和单位负责人签字。 2）投标联合体没有提交共同投标协议。 3）投标人不符合国家或者招标文件规定的资格条件。 4）同一投标人提交两个以上不同的投标文件或者投标报价，但招标文件要求提交备选投标的除外。 5）投标报价低于成本或者高于招标文件设定的最高投标限价。 6）投标文件没有对招标文件的实质性要求和条件作出响应。 7）投标人有串通投标、弄虚作假、行贿等违法行为	（1）第5）条——判定低于成本的依据： 1）不能以投标报价低于其他投标报价、明显低于标底乃至低于最高投标限价百分比作为评判低于成本的依据。 2）合规的判定：评标委员会发现投标人的报价明显低于其他投标报价或者在设有标底时明显低于标底的，使其投标报价可能低于其个别成本的： ①应当要求该投标人做出书面说明并提供相关证明材料； ②投标人不能合理说明或者不能提供相关证明材料的，由评标委员会认定该投标人以低于成本报价竞标，应当否决该投标人的投标。 （2）第6）条——以下情况不属于没有对招标文件的实质性要求和条件作出响应： 1）投标报价中有清单项目未填写分部分项工程单价和合价。 2）投标报价中未考虑风险费。 3）投标函附录在满足招标文件实质性要求的基础上，提出比招标文件要求更有利于招标人的承诺
初步评审、详细评审—详细评审	（1）经评审的最低投标价法： 经评审的最低投标价法的适用范围。按照《评标委员会和评标方法暂行规定》的规定，经评审的最低投标价法一般适用于具有通用技术、性能标准或者招标人对其技术、性能没有特殊要求的招标项目。按照经评审的投标价由低到高的顺序推荐中标候选人，或根据招标人授权直接确定中标人，但投标报价低于成本的除外。 （2）综合评估法： 不宜采用经评审的最低投标价法的招标项目，一般应当采取综合评估法进行评审。综合评估法是指评标委员会对满足招标文件实质性要求的投标文件，按照规定的评分标准进行打分，并按得分由高到低顺序推荐中标候选人，或根据招标人授权直接确定中标人，但投标报价低于其成本的除外	详细评审考点：评标方法的判定，即判别建设项目评审方法的合规性
初步评审、详细评审—评标报告	（1）评标完成后，评标委员会应当向招标人提交书面评标报告和中标候选人名单。中标候选人应当不超过3个，并标明排序。 （2）评标报告应当由评标委员会全体成员签字。对评标结果有不同意见的评标委员会成员应当以书面形式说明其不同意见和理由，评标报告应当注明该不同意见。评标委员会成员拒绝在评标报告上签字又不书面说明其不同意见和理由的，视为同意评标结果	评标委员会向招标人提交两份文件：评标报告和中标候选人名单

4. 确定中标人、签订中标合同阶段
4.1 公示中标候选人（一般考点）

公式	详解要点
公示中标候选人	（1）公示范围、媒体、时间、内容： 1）公示范围：公示的项目范围是依法必须进行招标的项目，其他招标项目是否公示中标候选人由招标人自主决定。 2）公示媒体：招标人在确定中标人之前，应当将中标候选人在交易场所和指定媒体上公示。 3）公示时间（公示期）：招标人应当自收到评标报告之日起 3 日内公示中标候选人，公示期不得少于 3 日。 4）公示内容：招标人需对中标候选人全部名单及排名进行公示，而不是只公示排名第一的中标候选人。应当载明以下内容： ① 中标候选人排序、名称、投标报价、质量、工期（交货期）以及评标情况； ② 中标候选人按照招标文件要求承诺的项目负责人姓名及其相关证书名称和编号； ③ 中标候选人响应招标文件要求的资格能力条件。 （2）异议处置：投标人或者其他利害关系人对依法必须进行招标的项目的评标结果有异议的，应当在中标候选人公示期间提出。招标人应当自收到异议之日起 3 日内作出答复；作出答复前，应暂停招标投标活动	（1）投标人可以提出异议的两个阶段："对招标文件、资格预审文件有异议"和"对中标候选人结果有异议"；提出异议时间超过规定时间，招标人不予受理。 （2）两个异议作出答复时间：招标人应当自收到异议之日起均为 3 日内作出答复；作出答复前，应暂停招标投标活动

4.2 确定中标人（重要考点）

公式	详解要点
确定中标人	（1）确定中标人： 1）除招标文件中特别规定了授权评标委员会直接确定中标人外，招标人应依据评标委员会推荐的中标候选人确定中标人，评标委员会提交中标候选人的数量应符合招标文件的要求，应当不超过 3 个，并标明排列顺序。 2）对国有资金占控股或者主导地位的项目，招标人应当确定排名第一的中标候选人为中标人。排名第一的中标候选人放弃中标，因不可抗力提出不能履行合同，或者招标文件规定应当提交履约保证金而在规定的期限内未能提交，或者被查实存在影响中标结果的违法行为等情形，不符合中标条件的，招标人可以按照评标委员会提出的中标候选人名单排序依次确定其他中标候选人为中标人。依次确定其他中标候选人与招标人预期差距较大，或者对招标人明显不利的，招标人可以重新招标	评标委员会确定中标人的规定：对国有资金占控股或者主导地位的项目，招标人授权评标委员会直接确定中标人；评标委员会确定中标人方法与招标人确定中标人方法一致，以排名第一的中标候选人为中标人
	（2）确定分包人：中标人按照合同约定或者经招标人同意，可以将中标项目的部分非主体、非关键性工作分包给他人完成。接受分包的人应当具备相应的资格条件，并不得再次分包	招标人不能指定分包人；招标人可以对分包人设定资格条件，分包人应当具备相应的资格条件

4.3 发出中标通知书、提交招标投标报告（一般考点）

	公式	详解要点
发出中标通知书、提交招标投标报告	（1）发出中标通知书： 1）中标人确定后，招标人应当向中标人发出中标通知书，并同时将中标结果通知所有未中标的投标人。中标通知书对招标人和中标人具有法律效力。 2）中标通知书发出后，招标人改变中标结果，或者中标人放弃中标项目的，应当依法承担法律责任	发出中标通知书是承诺生效
	（2）向招标监督部门提交招投标说明情况： 招标人应当自确定中标人之日起 15 日内，向有关行政监督部门提交招投标情况的书面报告。书面报告中至少应包括下列内容： 1）招标方式和发布资格预审公告、招标公告的媒介。 2）招标文件中投标人须知、技术规格、评标标准和方法、合同主要条款等内容。 3）评标委员会的组成和评标报告。 4）中标结果	

4.4 签订中标合同（重要考点）

	公式	详解要点
签订中标合同	（1）履约担保： 1）在签订合同前，招标文件要求中标人提交履约保证金的，中标人应当提交履约保证金，金额最高不得超过中标合同金额的 10%。 2）中标人未能按要求提交履约保证金的，视为放弃中标，其投标保证金不予退还，给招标人造成的损失超过投标保证金数额的，中标人还应当对超过部分予以赔偿。 3）履约担保的有效期应当自本合同生效之日起至发包人签认并由监理人向承包人出具工程接收证书之日止	—
	（2）签订中标合同： 1）招标人和中标人应当自中标通知书发出之日起 30 日内，按照招标文件和中标人的投标文件订立书面合同。招标人和中标人不得再行订立背离合同实质性内容的其他协议。 2）招标人和中标人应当依照《中华人民共和国招标投标法》和《中华人民共和国招标投标法实施条例》的规定签订书面合同，合同的标的、价款、质量、履行期限等主要条款应当与招标文件和中标人的投标文件的内容一致。招标人和中标人不得再行订立背离合同实质性内容的其他协议	（1）不允许签订背离合同实质性内容的其他协议。例如，招标文件中涉及工程量清单缺项、工程量与项目特征与设计图纸不符等问题，招标人不得与中标人就工程量清单问题签订补充协议。 （2）不允许招标人和中标人更改合同价格
	（3）退还投标保证金：招标人最迟应当在书面合同签订后 5 日内向中标人和未中标的投标人退还投标保证金及银行同期存款利息	

（三）强化训练

【强化训练 1】招标阶段

1. 招标文件—招标公告、提交投标文件截止时间，提交资格预审申请文件时间

（1）某国有企业拟投资建设一项轨道交通工程项目，该项目地质勘察资料反映：地基

第四章　强化训练

条件复杂，地基存在多处断层。经调查只有少量潜在投标人可以满足施工要求，该企业认为招标方式由招标人直接确定即可，因此该企业决定采用邀请招标。

问题：该企业做法是否正确？并说明理由。

（2）招标人接受投标文件的最早时间为投标截止时间前 72 小时。

问题：招标人做法是否正确？并说明理由。

（3）招标人在招标文件中明确投标人应当在提交投标文件的截止时间前，将投标文件送达指定地点。

问题：招标人做法是否正确？并说明理由。

（4）投标人 C 在提交投标文件截止时间 12 日前对招标文件提出异议。

问题：招标人是否受理投标人 C 提出的异议，招标人应如何处理？

【答案解析】详见本篇"（二）详解考点第四章 1.1 招标方式、1.2 资格预审文件、招标文件相关时间规定"。

【答案】

（1）该企业做法不正确。理由：虽然该项目地基条件复杂，只有少量潜在投标人可以满足施工要求，但采用邀请招标需要向行政监督部门申请，由行政监督部门批准后才可采用邀请招标。

（2）招标人做法正确。理由：依法必须进行招标的项目只规定了提交投标文件截止时间，并未对接受投标文件最早时间作出规定。

（3）招标人做法正确。理由：招标人应当明确投标人提交投标文件的截止时间，投标人在投标截止时间后逾期送达的投标文件，招标人有权拒收。

（4）投标人 C 在投标截止时间 10 日前提出异议，招标人应受理。招标人应当自收到异议之日起 3 日内作出答复；作出答复前，应当暂停招标投标活动。

2. 招标文件—投标人须知、招标控制价、投标保证金；资格预审文件——资格要求

（1）招标人在编制招标文件时，使用了国家发展改革委等九部委联合发布的《中华人民共和国标准施工招标文件》，但招标人认为招标文件只列明投标人须知、工程量清单、技术条款、合同条款即可。招标文件中对投标预备会的规定：招标人组织投标预备会，但投标人必须在投标预备会开始前 24 小时提交书面问题，逾期提交的问题招标人不作解答。

问题：招标人的做法是否妥当？并说明理由。

（2）招标人不接受以保函形式递交投标保证金。

问题：招标人的做法是否妥当？并说明理由。

（3）不符合资格预审文件中任何一项资格要求的投标人不能通过资格预审。

问题：招标人的做法是否妥当？并说明理由。

（4）招标人不接受分包。

问题：招标人的做法是否妥当？并说明理由。

（5）招标人在发售招标文件后对最高投标限价再次复核，经复核招标人认为最高投标限价过高。招标人在投标截止时间前 15 日内修改最高投标限价，并以书面形式通知所有获得招标文件的投标人。

问题：招标人的做法是否妥当？并说明理由。

【答案解析】详见本篇"（二）详解考点第四章 1.3 资格预审文件、1.4 招标文件"。

【答案】

（1）招标文件

1）招标人在招标文件组成上的做法不妥。理由：招标文件范本组成应包括：招标公告（投标邀请书）、投标人须知、工程量清单、设计图纸、技术条款、评标标准、合同条款、投标文件格式。而招标人组成的招标文件中仅包括上述部分内容，不属于完整的招标文件。

2）招标人对投标预备会的约定妥当。理由：招标人可以在招标文件中明确投标人提交问题的截止时间。

（2）招标人做法妥当。理由：投标保证金的形式由招标人确定，招标人不接受以保函形式递交投标保证金符合规定。

（3）招标人做法妥当。理由：投标人必须符合招标人设定的合理的资格要求。

（4）招标人做法妥当。理由：是否接受分包由招标人自主决定。

（5）招标人做法不妥当。理由：招标人不得对最高投标限价进行上浮或下调。

3. 招标文件—工程量清单、合同条款

（1）逐项说明招标人在编制工程量清单时的做法是否妥当，并说明理由：

1）措施项目列明了编码、名称、项目特征、单位及工程量。

2）其他项目中暂估专业工程的暂估价包括除规费、税金以外的人工费、材料费、机械费、管理费及利润。

3）其他项目中总承包服务费列明费率。

（2）招标文件中规定：投标人应对工程量清单进行复核，招标人不对工程量清单的准确性和完整性负责。

问题：招标人做法是否正确？并说明理由。

（3）招标人在编制分部分项工程量清单时，只明确了混凝土为商品混凝土，未明确混凝土强度等级。

问题：招标人做法是否正确？并说明理由。

（4）招标工程量清单其他项目工程量清单中计日工仅列出暂定数量。

问题：招标人做法是否存在不妥之处？并说明理由。

（5）招标文件中明确招标人不对提供资料的准确性负责，任何报告或资料只作为投标单位参考依据。

问题：招标人做法是否正确？并说明理由。

（6）某国有资金投资大型普通项目，为了招标人更好地与专家沟通，招标人以已建项目的评标委员会成员作为本项目的评标专家。

问题：招标人做法是否正确？并说明理由。

（7）为控制工程结算价，招标文件中约定安全文明施工费不允许调整。

问题：招标文件对安全文明施工费的约定是否正确？并说明理由。

【答案解析】 详见本篇"（二）详解考点第四章 1.4 招标文件"。

【答案】

（1）编制工程量清单中措施项目、其他项目：

1）编制措施项目做法不妥当，单价措施项目和总价措施项目应分别列项。单价措施项目与分部分项工程项目属于可计量部分内容，应按编码、名称、项目特征、单位及工程量列明；总价措施项目属于不可计量部分内容，只列编码、名称。

2）编制暂估专业做法妥当。理由：专业工程暂估价属于其他项目费，其他项目费包括人工费、材料费、机械费、管理费及利润。

3）编制总承包服务费做法不妥当。理由：总承包服务费属于投标人自主报价项目，工程量清单中不可约定费率。

（2）招标人做法不正确。理由：投标人应对招标文件进行复核，但招标文件的准确性和完整性由招标人负责。

（3）招标人做法不正确。理由：在编制工程量清单时，必须对项目特征进行准确和全面的描述。分部分项工程量清单中必须明确混凝土强度等级，否则投标人无法准确报价。

（4）招标人不存在不妥之处。理由：招标人在工程量清单中的计日工表只填写数量，综合单价由投标人根据施工情况自行填写。

（5）招标人做法不正确。理由：根据《建设工程施工合同（示范文本）》GF—2017—0201 规定，招标人应对提供资料的准确性负责。

（6）招标人做法不正确。理由：一般招标项目可以采取随机抽取方式，特殊招标项目可以由招标人直接确定。本项目属于普通项目，不能由招标人直接确定。

（7）招标文件对安全文明施工费的约定不正确。理由：安全文明施工费必须按照国家或省级、行业建设主管部门的规定计价。

【强化训练 2】投标阶段

4. 编制投标文件

（1）在投标过程中，投标人 A 发现分部分项工程量清单中某分项工程特征描述与图纸不符，投标人 A 认为施工应按照设计图纸，因此投标人 A 依据设计图纸报价。

问题：评标委员会对投标人 A 的投标文件应如何处理？并说明理由。

（2）在投标过程中，投标人 F 发现清单工程量与设计图纸工程量不符，投标人 F 在投标预备会规定时间向招标人提出问题。

问题：招标人应如何处理投标人 F 提出的问题？

（3）招标文件中明确了投标人承担的风险范围及风险费，投标人 B 在报价时未考虑应承担的风险范围及风险费，评标委员会认为投标人 B 没有对招标文件作出实质性响应，否决了投标人 B 的投标文件。

问题：评标委员会的做法是否合理？并说明理由。

（4）投标人 C 对招标工程量清单中的"照明开关"项目未填报单价和合价。

问题：投标人 C 的投标是否应被否决其投标？并说明理由。

（5）投标人 D 进行投标报价分析时，降低了总价措施项目中的二次搬运费率，提高了夜间施工费率；统一下调了招标工程量清单中的材料暂估单价 8％并计入工程量清单综合单价报价中。

问题：投标人 D 的做法是否正确？并说明理由。

（6）投标人 E 在投标测算时，发现此工程中安全文明施工费可以节省部分费用，投标人 E 以低于规定费率的 10％报价。

问题：投标人 E 的做法是否正确？其投标文件应如何处理？并说明理由。

【答案解析】详见本篇"（二）详解考点第四章 2.2 编制投标文件"。

【答案】

（1）评标委员会否决投标人 A 的投标报价。理由：投标人 A 未按工程量清单中的项目特征报价，属于未对招标文件作出实质性响应，应当否决其投标。

（2）招标人应在投标预备会中对投标人 F 提出的问题作出回复，如招标人需要修改招标文件，应在投标截止时间前 15 日提出修改招标文件，如不足 15 日应当顺延提交投标文件的截止时间。

（3）评标委员会做法不合理。理由：在施工过程中，出现风险内容及其范围在投标人承担的风险范围内，综合单价不得调整，投标人承担此部分费用。但评标委员会不能以此认定投标人没有对招标文件作出实质性响应。

（4）投标人 C 的投标不应被否决。理由：未填写单价和合价的项目，可视为此项费用已包含在已标价工程量清单中其他项目的单价和合价之中。

（5）"投标人 D 降低了总价措施项目中的二次搬运费率，提高了夜间施工费率"正确。理由：总价措施项目的二次搬运费、夜间施工费属于自主报价、可竞争部分，投标人可以根据自身情况报价。"投标人 D 统一下调了招标工程量清单中的材料暂估单价 8％并计入工程量清单综合单价报价中"不正确。理由：投标人 D 未按照招标文件中材料的暂估单价填写，属于没有对招标文件作出实质性响应。

（6）投标人 E 的做法不正确，投标人 E 的投标文件应被否决。理由：总价措施费中的安全文明施工费属于不可竞争费，必须按照国家或省级、行业建设主管部门的规定计价。投标人 E 以低于规定费率的 10％报价属于没有对招标文件作出实质性响应。

【强化训练 3】开标阶段、评标阶段

5. 开标阶段、初步评审

（1）开标时，招标人宣读投标人名称、投标价格和投标文件的其他主要内容，并对投标人资质进行审查。发现投标人 B 项目经理业绩为在建工程，不符合招标文件要求的"已竣工验收"的工程业绩。

问题：开标时招标人对投标人进行资质审查的做法是否妥当？并说明理由。

（2）投标人 A 为 A、A1 企业组成的联合体。资格审核中规定不允许投标人有"失信被执行人"记录，评标委员会在采集信誉信息时，发现 A1 有 1 次"失信被执行人"记录。其他投标人符合资格要求。

问题：评标委员会应如何处理投标人 A 的投标文件？并说明理由。

（3）评标委员会发现投标人 C 的投标报价中存在某分项工程合计金额与综合单价计算结果不一致的情况，评标委员会以综合单价计算结果为修正后金额，但投标人 C 认为综合单价中的材料价格较低，不接受其修正结果。

问题：评标委员会的做法是否正确？投标人 C 不接受其修正结果，评标委员会应如何处理投标人 C 的投标文件？并分别说明理由。

（4）评标委员会发现投标人 D 在投标函附录中提出预付款比例比合同条款中的预付款比例低 10％的条件。评标委员会认为投标人 D 没有对招标文件作出实质性响应，否决其投标文件。

问题：评标委员会是否可以否决投标人 D 的投标文件？并说明理由。

【答案解析】详见本篇"（二）详解考点第四章 3.1 开标规定～3.4 初步评审、详细评审"。

【答案】

（1）开标时招标人对投标人进行资质审查的做法不妥当。理由：开标时仅宣读投标人名称、投标价格和投标文件的其他主要内容，不进行资格审核。资格审核属于评标阶段的工作，由评标委员会完成。

（2）评标委员会应否决投标人 A 联合体的投标文件。理由：投标人 A 为联合体，联合体各成员均应符合资质要求。

（3）评标委员会的做法正确。理由：总价金额与依据单价计算的结果不一致的，以单价金额为准修正总价。评标委员会应否决投标人 C 的投标文件。理由：修正的价格经投标人书面确认后具有约束力。投标人不接受修正价格的，其投标应被否决。

（4）评标委员会不可以否决投标人 D 的投标文件。理由：投标函附录在满足招标文件实质性要求的基础上，可以提出比招标文件要求更有利于招标人的承诺。投标人 D 满足了合同条款并且提出更有利于招标人的承诺。

【强化训练 4】签订中标合同阶段

6. 签订中标合同

（1）招标人与中标人进行了合同谈判，要求在合同中增加一项原招标文件中未包括的零星工程，合同额相应增加 15 万元。

问题：招标人的做法是否正确？并说明理由。

（2）招标人发现工程量清单有漏项情况，与中标人进行合同谈判，就增项内容签订另一份协议。

问题：招标人的做法是否正确？并说明理由。

（3）招标人向中标人提出降价要求，双方经多次谈判后签订了书面合同。

问题：招标人的做法是否正确？并说明理由。

【答案解析】详见本篇"（二）详解考点第四章 4.4 签订中标合同"。

【答案】

（1）招标人的做法不正确。理由：招标人和中标人签订书面合同的标的、价款、质量、履行期限等主要条款应当与招标文件和中标人的投标文件的内容一致，不得再增加投标文件中没有的内容及改变价格。

（2）招标人的做法不正确。理由：招标人与中标人应按照招标文件和中标人的投标文件订立书面合同，招标人和中标人不得再行订立背离合同实质性内容的其他协议。如有清单缺项情况，可以依据实际工程量及价格调整的条款在结算时调整合同价。

（3）招标人的做法不正确。理由：招标人和中标人签订书面合同的标的、价款、质量、履行期限等主要条款应当与招标文件和中标人的投标文件的内容一致，不得改变投标报价。

第五章 工程合同价款管理

（一）汇总考点

1. 判断索赔事件成立性
  - 1.1 索赔事件成立条件（一般考点）
  - 1.2 索赔成立事件（一般考点）
  - 1.3 索赔不成立事件（重要考点）

2. 索赔工期及网络图应用
  - 2.1 实际工期（重要考点）
  - 2.2 批准工期（重要考点）
  - 2.3 索赔工期（重要考点）
  - 2.4 基于双代号网络图应用（重要考点）
  - 2.5 基于双代号时标网络图应用（重要考点）

3. 索赔费用及规定
  - 3.1 索赔费用的构成（重要考点）
  - 3.2 引起分部分项工程费调整（重要考点）
  - 3.3 引起措施项目费调整（重要考点）
  - 3.4 不可抗力事件索赔费用（一般考点）
  - 3.5 奖罚费用（重要考点）
  - 3.6 合同价款调整额（重要考点）
  - 3.7 价款调整规定（重要考点）

（二）详解考点

1. 判断索赔事件成立性

1.1 索赔事件成立条件 （一般考点）

判断事件成立性、索赔工期

	公式	详解要点
索赔事件成立条件	索赔事件成立必须满足三点： （1）有合同关系。 （2）与合同相比造成费用损失（增加）和（或）工期延误不是由于承包商的过失引起的且不是应由承包商承担的风险。 （3）承包商在事件发生后的规定时间（28天）内提出了索赔的书面意向通知和索赔报告	不满足其中一点，索赔事件不成立

1.2 索赔成立事件 （一般考点）

	公式	详解要点
索赔成立事件	（1）工程变更、项目特征不符、工程量清单缺项、工程量偏差。 （2）工程设备、材料暂估价。 （3）专业工程暂估价。 （4）价格超过风险范围。 （5）遇到不利物质、化石、文物。 （6）发包人责任事件在先的共同延误。 （7）发包人提出赶工	

续表

公式	详解要点
索赔成立事件 （8）不可抗力事件。 （9）平行发包模式下其他施工单位的影响。 （10）发包人或监理人对隐蔽工程提出重新检查且检查质量合格。 （11）因发包人原因导致事件： 1）提供资料（地勘报告、图纸等）有误。 2）延期提供施工现场、施工条件、基础资料。 3）提供的材料不符合设计或有关标准要求。 4）因发包人原因导致工程质量未达到合同约定的标准。 5）因发包人原因导致的停工	

1.3 索赔不成立事件（重要考点）

公式	详解要点
索赔不成立事件 （1）不满足索赔事件成立条件第1点：向无合同关系一方索赔。 （2）不满足索赔事件成立条件第2点，具体如下： 1）价格在风险范围内。 2）索赔内容已包括在合同价内。 3）因承包人原因导致事件： ①承包人负责照管期间，因承包人原因造成工程、材料、工程设备损坏的； ②提供的材料不符合设计或有关标准要求； ③因承包人原因导致工程质量未达到合同约定的标准； ④因承包人原因导致暂停施工，如机械设备、施工技术以及组织管理水平导致停工。 4）承包人提出赶工。 5）施工范围超过设计图纸。 6）承包人修改施工方案或另增加措施项目。 7）承包人依据勘察现场作出结论（方案）导致的损失。 8）承包人依据发包人提供的资料作出结论（方案）导致的损失。 9）承包人责任事件在先的共同延误。 10）隐蔽工程： ①重新检验不合格； ②私自覆盖。 11）有经验的承包商可以预见的事件：因季节性天气增加费用（或）延误的工期。 （3）不满足索赔事件成立条件第3点：超过索赔时效	不满足索赔事件成立条件第2点中： （1）第1）条：超过风险范围调整价格，例如采用造价信息方式调整材料价差，对超过±5%部分的价格调整。 （2）第2）条：索赔内容已包括在合同价内，合同价内损失不可索赔。例如，因发包人原因导致材料损坏，承包人重新购买材料。承包人只能对重新购买部分进行索赔，原合同价内损坏的材料费用不可索赔。 （3）第4）条：赶工仅在发包人提出的情况下才可以索赔，"发包人批准赶工方案，同意赶工"不代表"发包人提出赶工"。例如，承包人为获得工期提前奖励，承包人将L工作持续时间压缩了30天，发包人批准了该方案。承包人不可就赶工产生的费用进行索赔。 （4）第5）条施工范围超过设计图纸与第6）条承包人修改施工方案或另增加措施项目都属于调整方案。引起合同价格变化的原因之一"清单工程量发生变化"，上述两条均未引起清单工程量变化

2. 索赔工期及网络图应用

2.1 实际工期（重要考点）

2.2 批准工期（重要考点）

	公式	详解要点
实际工期、批准工期	（1）实际工期：事件发生后，网络图关键线路长度。 如图 5-1 所示，网络图中计划工期＝360（天） 事件 1：取消了原有的 G 工作；实际工期＝110＋90＋80＋70＝350（天）	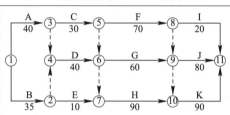 图 5-1　施工进度计划（一）（单位：天）
	（2）批准工期： 1）截至事件发生后，发包人批准工期；网络图关键线路下的批准工期。 2）批准工期＝超过总时差后可索赔的天数＋合同工期。 如图 5-2 所示，事件 1：承包人原因造成分项工程 B 工期延长 10 天。 事件 2：发包人原因造成分项工程 B 工期延长 5 天。 ① 事件 1 批准工期＝合同工期 260 天。承包人原因，不可索赔工期。 ② 事件 2 批准工期＝265 天，批准工期≠270 天。分项工程 B 总时差 5 天，事件 1 结束后分项工程 B 超过总时差。关键线路调整为 B－D－H－K。分项工程 B 超过总时差 10 天，但总时差中有 5 天属于承包人原因造成的，因此批准工期为 265 天	图（5-2） 图 5-2　承包人施工进度计划（单位：天）

2.3 索赔工期（重要考点）

	公式	详解要点
索赔工期	（1）总包单位索赔工期： 1）关键线路不调整：总索赔工期＝∑各个事件索赔工期。 如图 5-3 所示，施工过程中发生如下事件： 事件 1：基础工程因不可抗力事件停工 4 天； 事件 2：主体结构因所在地停电停工 2 天； 事件 3：二次结构因施工单位原因拖延 2 天； 事件 4：设备安装因甲供材质量问题停工 3 天。 总索赔工期：4＋2＋3＝9（天）。 2）关键线路调整：总索赔工期＝∑超过总时差后可索赔天数。 如图 5-4 所示，施工过程中发生如下事件： 事件 1：基础工程 A 工作因基坑土质与业主提供地质资料不符，A 工作延长 3 天； 事件 2：设备基础 D 工作属于隐蔽工程，业主提出重新检验，检验结果不合格，设备基础 D 工作延长 2 天； 事件 3：设备安装 S 工作因业主采购缺失配件，工作延长 2 天；	图（5-3） 图 5-3　施工进度计划（二）（单位：天）

续表

公式	详解要点
索赔工期 事件 4：E 工作由于发包人原因拖延 6 天。　解释：最终关键线路为 A－D－S－E，B－S－E。 　　超过总时差后可索赔天数为 8 天；设备安装 S 工作和 E 工作超过总时差后可索赔天数 8 天；A 工作虽延长 3 天但未超过总时差，A 工作一直属于关键工作，但关键线路不同 　（2）分包单位索赔工期： 　1）分包索赔工期＝$ES'-ES$ 　式中： 　　ES'——分包工作因紧前工作发生事件后的最早开始时间； 　　ES——分包工作在网络图中的最早开始时间如图 5-4 所示： 　①若分包单位与总包单位就 S 工作签订专业分包合同，B 工作发生某事件拖延 5 天；分包 S 可索赔；索赔工期：55－50＝5（天）。 　②若分包单位与总包单位就 S 工作签订专业分包合同，A 工作发生某事件拖延 5 天；分包 S 不可索赔。原因：50（A 工作发生后最早开始时间）－50（网络图最早开始时间）＝0（天）。 　2）分包单位索赔工期不依据分包工作是否在关键线路或是否超过总时差。由于分包工作合同工期＝该分项工程天数，因此分包索赔工期依据以下两个因素： 　①该项工作开始时间是否超过网络图中最早开始时间； 　②该项工作施工中是否有延误	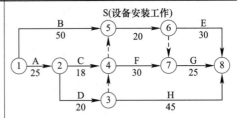 图 5-4　施工进度计划（三）（单位：天）

2.4 基于双代号网络图应用（重要考点）

公式	详解要点
基于双代号网络图应用 （1）时间参数的计算和应用 　共用机械最晚进场情况下最短闲置时间，解题步骤： 　1）计算各分项工作最早、最晚开始时间。 　2）第一个分项工作以最晚开始时间进场（进场即开始工作），后两项工作的开始时间按满足最短闲置时间的原则确定	考题类型： 　（1）考题类型一：若某两个分项工作之间存在相同时间（紧前工作结束时间＝本工作开始时间），以相同时间分别作为两个分项工作结束和开始时间。具体如下： 　分项工作 B、E、J 共用一台租赁机械，分项工作 B 以最晚进场时间开始，若实现租赁机械的最短闲置时间，确定分项工作 E、J 开始时间。 　1）第一步计算分项工作 B、E、J 时间参数，确定分项工作 B 最晚开始时间和最晚结束时间。 　2）第二步观察三个分项工作时间参数；分项工作 E、J 存在相同时间，以相同时间分别作为两分项工作的结束和开始时间。 　①分项工作 E 选择最晚开始时间 180 天，最晚结束时间为 200 天； 　②分项工作 J 开始时间 200 天，结束时间为 260 天； 　3）第三步确定最短闲置时间：180－170＝10（天）。 B $ES:80$　$LS:150$　E $ES:140$　$\boxed{LS:180}$　J $\boxed{ES:200}$　$LS:200$ 　$EF:100$　$LF:170$　　$EF:160$　$LF:200$　　$EF:260$　$LF:260$ 　　　最短闲置时间=10天　　闲置时间=0天 　　　紧前工作结束时间=本工作开始时间

公式	详解要点
（1）时间参数的计算和应用 共用机械最晚进场情况下最短闲置时间，解题步骤： 1）计算各分项工作最早、最晚开始时间。 2）第一个分项工作以最晚开始时间进场（进场即开始工作），后两项工作的开始时间按满足最短闲置时间的原则确定	（2）考题类型二： 若各分项工作之间不存在相同时间（紧前工作结束时间≠本工作开始时间），按顺序确定各分项工作开始时间。具体如下： 分项工作 C、F、J 共用一台租赁机械，分项工作 C 以最晚进场时间开始，若实现租赁机械的最短闲置时间，确定分项工作 F、J 开始时间。 1）第一步计算分项工作 C、F、J 时间参数，确定分项工作 C 最晚开始时间和最晚结束时间。 2）第二步观察三个分项工作时间参数；分项工作 C、F、J 均不存在相同时间。以两两工作闲置时间最短为原则，按顺序确定各分项工作开始时间。 ① 分项工作 F 选择满足与分项工作 C 最短闲置时间；分项工作 F 开始时间为 70～110 天，分项工作 F 可以选择分项工作 C 最晚结束时间开始。 ② 分项工作 J 选择满足于分项工作 F 最短闲置；分项工作 J 开始时间为 150～190 天，分项工作 J 可以选择已选定分项工作 F 结束时间开始 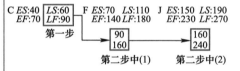 3）第三步确定最短闲置时间：0 天

基于双代号网络图应用

| （2）补充虚、实工作
1）补充虚、实工作的紧前（及紧后）工作唯一
如图 5-5 所示，扎Ⅰ、扎Ⅱ有组织关系，扎Ⅰ是扎Ⅱ的紧前工作；扎Ⅱ、扎Ⅲ有组织关系，扎Ⅱ是扎Ⅲ的紧前工作。
① 绘制原则：不改变网络计划图的逻辑关系：
a. 若将图 5-5 中 4 点和 5 点直接连接，导致支模Ⅲ成为扎筋Ⅰ的紧后工作，改变了网络图的逻辑关系（原网络图支模Ⅲ与扎筋Ⅰ不存在逻辑关系）；
b. 若将图 5-5 中 6 点和 8 点直接连接，导致浇筑Ⅰ成为扎筋Ⅲ的紧前工作，改变了网络图的逻辑关系（原网络图浇筑Ⅰ与扎筋Ⅲ不存在逻辑关系）。
② 补充虚、实工作解题步骤：
a. 观察待补充、实工作（图 5-5 中 4-5；图 5-5 中 6-8）的开始节点是否有箭线引入（图 5-5 中 4、6 点），结束节点是否有箭线引出（图 5-5 中 5、8 点）：
（a）待补充、实工作开始节点有箭线引入（图 5-5 中 6 点有箭线引入）；
（b）或待补充、实工作结束节点有箭线引出（图 5-5 中 5 点有箭线引出）。
b. 将有箭线引入的开始节点（图 5-5 中 6 点）或箭线引出的结束节点（图 5-5 中 5 点）分别拆成两个节点后（图 5-6 中 3、5 点，图 5-6 中 6、7 点），再补充虚、实工作，保证网络图的逻辑关系不变，如图 5-6 所示 | 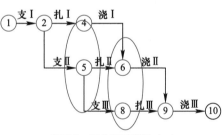
图 5-5　双化号网络图（一）
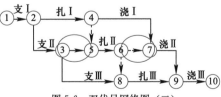
图 5-6　双代号网络图（二） |

续表

公式	详解要点
2）补充虚、实工作的紧前或紧后工作不唯一 ① 补充虚、实工作的紧前工作不唯一： 发包人提出增加一项 M 工作，M 工作持续时间 80 天。根据施工工艺关系，M 工作作为 D、G 工作的紧后工作，为 F 工作的紧前工作，见图5-7。 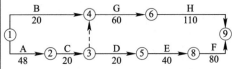 图 5-7　施工进度计划（四）（单位：天）	绘制方法：将待补充虚、实工作的多个紧前工作的结束节点设置中间节点，以中间节点与其紧后工作的开始节点连接。以本题为例，具体步骤如下： （1）设置中间节点：将分项工作 D、G 的结束节点设置中间节点⑦；中间节点⑦作为 M 工作的开始节点。 （2）补充实工作：中间节点⑦与 M 工作的紧后工作的开始节点⑧连接，补充分项工作 M，绘制完成（图5-8） 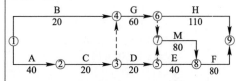 图 5-8　施工进度计划（五）（单位：天）
② 补充虚、实工作的紧后工作不唯一： 发包人提出增加一项 L 工作，L 工作持续时间 80 天。根据施工工艺关系，L 工作作为 D 工作的紧后工作，为 F、H 工作的紧前工作，见图5-7。	绘制方法：将待补充虚、实工作的多个紧后工作的开始节点设置中间节点，以中间节点与其紧前工作结束节点连接。以本题为例，具体步骤如下： （1）设置中间节点：将分项工作 F、H 的开始节点设置中间节点⑥，中间节点⑥作为 L 工作的结束节点。 （2）补充实工作：L 工作的紧前工作的结束节点⑤与中间节点⑥连接，补充分项工作 L，绘制完成（图5-9） 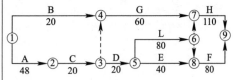 图 5-9　施工度计划（六）（单位：天）
（3）流水施工 1）等节奏、异步距异节奏流水施工：按各分项工作的施工段绘制横道图，确定各施工段最早开始时间；若有三个分项工作，分别确定三个分项工作中各施工段最早开始时间。如图5-10所示，分项工作 C、F、G 分别按流水节拍 10、30、45 组织异步距、异节奏流水施工。具体步骤如下： ① 绘制第一个分项工作（C）：从表格开始按施工段及流水节拍逐个绘制； ② 绘制第二个分项工作（F）： a. 绘制第二个分项工作（F）施工段①：通常在第一个分项工作施工段①后绘制，不存在间歇时间。图5-10中分项工作 F 紧前工作除分项工作 C 外还有分项工作 D，但分项工作 C 施工段①流水节拍=分项工作 D 天数，不存在间歇时间。分项工作 F 施工段①在分项工作 C 施工段①结束后绘制； b. 绘制第二个分项工作（F）其他施工段：依据紧前施工段完成、本施工段开始的原则绘制。 ③ 绘制第三个分项工作（G）： a. 绘制第三个分项工作（G）施工段①：与第二	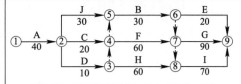 图 5-10　施工进度计划（七）（单位：天） 各分项工作从左至右按施工段绘制，依次确定施工段①、②最早开始时间。 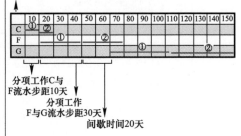

公式	详解要点
个分项工作存在间歇时间。图 5-10 中分项工作 G 存在多个紧前工作，通过确定分项工作 G 最早开始时间，进而确定间歇时间。 　间歇时间＝第三个分项工作最早开始时间－流水施工线路上第三个分项工作开始时间，采用流水施工线路为 A—C—F—G，分项工作 G 开始时间：40＋10＋30＝80（天）；分项工作 G 最早开始时间线路为 A－J－B－G，最早开始时间：40＋30＋30＝100（天）。间歇时间：100－80＝20（天）。 　b. 绘制第三个分项工作（G）其他施工段：依据紧前施工段完成、本施工段开始的原则绘制 　④ 确定流水工期的两种方式： 　a. 通过绘制横道图确定流水工期； 　b. 按公式计算流水工期：流水工期＝∑流水步距＋间歇时间＋第三项工作持续时间。	
2）非节奏流水施工。同等节奏、异步距异节奏流水施工不同之处：非节奏流水施工的步距采用累加错位相减取大法确定，非节奏流水施工不需要绘制横道图。 　流水工期按公式计算：流水工期＝∑流水步距＋间歇时间＋第三个分项工作持续时间。 　如图 5-11 所示，分项工作 D、G、I 采用非节奏流水施工，具体步骤如下： 　① 第一个分项工作（D）与第二个分项工作（G）流水步距：通常利用累加错位相减取大法确定，流水步距＝1（个月），且不存在间歇时间；图 5-11 中分项工作 G 紧前工作还有分项工作 B，但∑A－B－G 步距＝∑A－C－D－G 步距，不存在间歇时间。 　② 第二个分项工作（G）与第三个分项工作（I）流水步距：利用累加错位相减取大法确定，流水步距＝2（个月），且存在间歇时间；图 5-11 中分项工作 I 除紧前工作分项工作 G 外，还有分项工作 F、K。 　间歇时间＝第三个分项工作最早开始时间－流水施工线路上第三个分项工作开始时间，采用流水施工 A－C－D－G－I 线路，分项工作 I 开始时间：4＋3＋1＋2＝10（个月）；分项工作 I 最早开始时间线路为 A－C－E－K－I，最早开始时间：4＋3＋2＋2＝11（个月）。间歇时间：11－10＝1（个月）。 　③ 流水工期＝1＋2＋1＋1＋1＋1＝7（个月）。	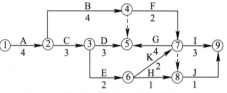 图 5-11　施工进度计划（八）（单位：月） 施工过程表： <table><tr><td>施工过程</td><td>①</td><td>②</td><td>③</td></tr><tr><td>D</td><td>1</td><td>1</td><td>1</td></tr><tr><td>G</td><td>1</td><td>2</td><td>1</td></tr><tr><td>I</td><td>1</td><td>1</td><td>1</td></tr></table> 　　1　2　3　　　　　　　1　3　4 －　　1　3　4　　　－　　1　2　3 　　1　1　0　－4　　　　1　2　2　－3 施工过程 D、G 流水步距 $K_{D,G}=\max\{1,1,0,-4\}=1$（个月）。 施工过程 G、I 流水步距 $K_{G,I}=\max\{1,2,2,-3\}=2$（个月）。
（4）绘制时标网络图。 　绘制原则： 　各分项工作按最早开始时间绘制；若紧前工作不唯一，确定最早开始时间对应的紧前工作，其他紧前工作同本分项工作存在的自由时差。 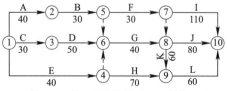 图 5-12　施工进度计划（九）（单位：天）	以图 5-12 为例，具体如下： 1）紧前工作唯一： ① 分项工作 A 从 0 点画至第 40 天末（符合数字对应右侧线，见图 5-13 表格下方标记）； ② 分项工作 B 紧前工作只有 A，从第 40 天末画至第 70 天末； ③ 分项工作 F 紧前工作只有 B，从第 70 天末画至第 100 天末； ④ 分项工作 I 紧前工作只有 F，从第 100 天末画至第 210 天末； ⑤ 分项工作 C 从 0 点画至第 30 天末； ⑥ 分项工作 D 紧前工作只有 C，从第 30 天末画至第 80 天末；

基于双代号网络图应用（左侧栏标题）

续表

公式	详解要点
基于双代号网络图应用 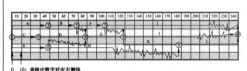 图 5-13 施工进度计划（十）（单位：天）	⑦ 分项工作 E 从 0 点画至第 40 天末； ⑧ 分项工作 H 紧前工作只有 E，从第 40 天末画至第 110 天末。 2）紧前工作不唯一： ① 分项工作 G 紧前工作有 B、D、E，分项工作 G 最早开始时间是第 80 天末，因此与 B 工作自由时差 10 天，与 E 工作自由时差 40 天； ② 分项工作 J、K 紧前工作有 G、F，分项工作 J、K 最早开始时间均为第 120 天末，因此与 F 工作自由时差 20 天； ③ 分项工作 L 紧前工作 K、H，分项工作 L 最早开始时间是第 180 天末，因此与 H 工作自由时差 70 天。 3）共用网络图结束节点：分项工作 I、J、L 共用结束节点，L 持续时间最长，结束节点与其他两项工作存在自由时差

图中标注：0 10；表格中数字对应右侧线

2.5 基于双代号时标网络图应用（重要考点）

公式	详解要点
基于双代号时标网络图应用	**（1）时间参数计算和应用。** 1）双代号时标网络图计算时间参数： ① ES、EF 依据时标网络图确定； ② $LS=ES+TF$； ③ $LF=LS+T$（持续时间）。 2）双代号时标网络图时间参数应用（与双代号网络图解题思路一致）。 共用机械最晚进场情况下最短闲置时间，解题步骤： ① 计算各分项工作最早、最晚开始时间； ② 第一个分项工作以最晚开始时间进场（进场即开始工作），后两项工作的开始时间按满足最短闲置时间的原则确定。 **（2）绘制进度前锋线。** 1）绘制步骤如下： ① 通常以已完工程量占计划总工程量的比例，在工作箭线上从左至右按相同的比例标记，表示实际进度。 ② 以点划线依次将各项工作实际进展位置点连接。 2）绘制难点与混淆点： ① 已考虑前面事件的影响：分项工作按题目明确的实际进度绘制。如图 5-15 所示，若分项工作 A 发生进度延误 20 天；4 月末检查进度，分项工作 F 刚好完成，分项工作 F 进度位置点绘制在 F 结束节点，题目明确的实际进度已考虑分项工作 A 延误 20 天对 F 工作的影响。 ② 不在波形线上绘制进展位置点：波形线代表与紧后工作的自由时差，在工作箭线（实箭线）上绘制各分项工作实际进度。如图 5-15 所示，7 月末检查进度，分项工作 J 刚好完成，绘制在第 200 天末，由此得出结论：分项工作 J 落后 10 天	**（1）** 双代号时标网络图计算时间参数，如图 5-14 所示：分项工作 B、F、J 共用一台专用施工机械顺序施工，分项工作 B、F、J 时间参数（单位：天）： 1）分项工作 B：$ES=40$，$EF=70$；$LS=ES+TF=40+10=50$，$LF=LS+T=50+30=80$。 2）分项工作 F：$ES=70$，$EF=110$；$LS=ES+TF=70+20=90$，$LF=LS+T=90+40=130$。 3）分项工作 J：$ES=120$，$EF=200$；$LS=ES+TF=120+40=160$，$LF=LS+T=160+80=240$。 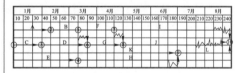 图 5-14 施工进度计划（十一）（单位：天） **（2）** 最晚进场下最短闲置时间的计算与双代号网络图解题思路一致 [见 2.4 基于双代号网络图应用—时间参数的计算和应用] 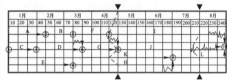 图 5-15 施工进度计划（十二）（单位：天）

3. 索赔费用及规定

3.1 索赔费用的构成（重要考点）

公式	详解要点
索赔费用的构成	（1）**按工程量清单组成索赔费用：分部分项工程费＋措施项目费＋规费＋税金。** （2）考题特点：只考查分部分项工程费或措施项目费其中之一，因此先判别事件发生项目。 1）若事件发生项目是分部分项工程费（题目满足分部分项工程费调整引起措施项目费变化，窝工、闲置除外）： 索赔费用＝分部分项工程费×（1＋措施费率）×（1＋规费、税金费率） ↓ 人工费＋材料费＋机械费＋管理费＋利润 2）若事件发生项目是措施项目费，即：只有措施项目费发生： 索赔费用＝措施项目费×（1＋规费、税金费率） ↓ 人工费＋材料费＋机械费＋管理费＋利润	（1）关于事件所属项目的判别详见"3.2 引起分部分项工程费调整""3.3 引起措施项目费调整"。 （2）分部分项工程费、措施项目费一般按要素组价。如人工 10 个工日、材料费 3500 元等 索赔费用

3.2 引起分部分项工程费调整（重要考点）

公式	详解要点
引起分部分项工程费调整	（1）分部分项工程量增加 1）以要素形式计算分部分项工程费，索赔费用解题思路： ①计算分部分项工程费，先形成分部分项工程费中人工费、材料费、机械费，再按费率计算管理费和利润； ②计算索赔费用，索赔费用＝分部分项工程费×（1＋措施费率）×（1＋规费、税金费率）。 2）以综合单价形式计算分部分项工程费、索赔费用解题思路： ①计算综合单价：索赔费用考题中"人材机费"指清单单位下人材机费用。若人材机费作为管理费、利润计算基数： 综合单价＝人材机费×（1＋管理费、利润费率） ②计算分部分项工程费，分部分项工程费＝综合单价×清单工程量。 ③计算索赔费用，索赔费用＝分部分项工程费×（1＋措施费率）×（1＋规费、税金费率） （2）物价变化 1）实际采购价超过投标报价±5％，材料使用量不变，索赔费用解题思路： ①计算分部分项工程费（若材料作为管理费、利润基数），分部分项工程费＝可调整材料价差×使用量×（1＋管理费、利润费率）。 ②计算索赔费用，索赔费用＝分部分项工程费×（1＋措施费率）×（1＋规费、税金费率） 2）采用价格指数调值（略） （3）暂估材料 暂估材料实际采购价与投标价不符，材料使用量不变，索赔费用解题思路：	因分部分项工程量增加引起分部分项工程费调整 （1）以要素形式计算分部分项工程费。例如，已知 Z 工作持续时间为 50 天，人工为 600 工日，施工机械 50 台班，材料费 16 万元。人工费平均单价按 120 元/工日计取；通用机械台班单价按 1100 元/台班计取；管理费和利润为人材机费之和的 16％，措施费按分部分项工程费的 25％计取；规费和税金为人材机费用、管理费与利润之和的 13％。计算承包人可获得的索赔费用（以元为单位，计算过程和结果均保留两位小数）。 答案：（600×120＋50×1100＋160000）×（1＋16％）×（1＋25％）×（1＋13％）＝470249.50（元）。 （2）以综合单价形式计算分部分项工程费。例如，由于发包人提出新的使用功能要求，对 J 工作进行设计变更。该变更增加分项工程量 50m³。已知 J 工作人材机费用为 360 元/m³，管理费和利润为人材机费用之和的 16％，措施费按分部分项工程费的 25％计取；规费和税金为人材机费用、管理费与利润之和的 13％。 变更前后的施工方法和施工效率保持不变。计算承包人可获得的索赔费用（以元为单位，计算过程和结果均保留两位小数）。 答案：360×（1＋16％）×50×（1＋25％）×（1＋13％）＝29493（元） （1）因暂估材料引起分部分项工程费调整： 施工承包合同约定：管理费和利润为人机费用之和的 16％，规费和税金为人材机费用、管理费与利润之和的 13％。各分部分项工程的措施费按其相应工程费

续表

公式	详解要点
引起分部分项工程费调整	1) 计算分部分项工程费（若材料作为管理费、利润基数），分部分项工程费＝材料价差×使用量×（1＋管理费、利润费率）。 2) 计算索赔费用，索赔费用＝分部分项工程费×（1＋措施费费率）×（1＋规费费率）×（1＋税金费率）。 （4）窝工、闲置 以要素形式计算分部分项工程费，索赔费用解题思路： 1) 计算分部分项工程费，窝工、闲置不考虑管理费、利润，不发生措施项目费。 2) 计算索赔费用，索赔费用＝分部分项工程费×（1＋规费、税金费率）	的 25% 计取。综合工日单价为 120 元/工日，机械台班单价为 800 元/台班。发生事件如下： 分项工程 A 采用 C40 混凝土暂估材料，暂估材料价格为 462.80 元/m³（含可抵扣进项税 3%），实际采购价格比投标报价高 30%，混凝土使用数量为 800m³。承包人及时向发包人提出费用索赔（以元为单位，计算过程和结果均保留两位小数）。 答案：462.80/1.03×30%×800×1.25×1.13＝152319.61（元）。 （2）因价格变化引起分部分项工程费调整的题目，通常材料使用量不发生变化。材料使用量变化，清单工程量随之变化。 （3）因窝工、闲置引起分部分项工程费调整： 分项工程 A 施工至第 15 天时发现地下埋藏文物，由相关部门进行了处置，造成承包人停工 10 天，人员窝工 110 个工日、施工机械闲置 20 个台班。 管理费和利润按人材机费用之和的 20% 计取；规费和增值税税金按人材机费、管理费和利润之和的 13% 计取。人工单价按 150 元/工日计、人工窝工补偿按其单价的 60% 计；施工机械台班单价按 1200 元/台班计、施工机械闲置补偿按其台班单价的 70% 计。人工窝工和施工机械闲置补偿均不计取管理费和利润（以元为单位，计算过程和结果均保留两位小数）。 答案：（110×150×60%＋20×1200×70%）×1.13＝30171.00（元）

3.3 引起措施项目费调整（重要考点）

公式	详解要点
引起措施项目费调整	（1）属于措施项目费类别： 1) 按工程量清单计价规范划分，见右侧"详解要点"； 2) 带"措施费"如文物保护措施费、复工技术措施费； 3) 赶工属于措施费。 （2）索赔费用解题思路： 1) 以要素形式计算措施项目费（若人材机作为管理费、利润基数）： 措施项目费＝（人工费＋材料费＋机械费）×（1＋管理费、利润费率）。 2) 计算索赔费用，索赔费用＝措施项目费×（1＋规费、税金费率）。 施工承包合同约定：管理费和利润为人机费用之和的 16%，规费和税金为人材机费用、管理费与利润之和的 13%。各分部分项工程的措施费按其相应工程费的 25% 计取。综合工日单价为 120 元/工日，机械台班单价为 800 元/台班（以元为单位，计算过程和结果均保留两位小数）。 事件 1：由于前面耽误工期较长，发包人提出赶工，赶工工期 5 天，人机增加费 120000 元。承包人及时向发包人提出索赔费用。 答案：120000×1.16×1.13＝157296.00（元）	（1）单价措施项目： 1) 脚手架工程。 2) 混凝土模板及支架。 3) 垂直运输。 4) 超高施工增加。 5) 大型机械设备进出场及安拆。 6) 施工排水、降水。 （2）总价措施项目： 1) 安全文明施工费。 2) 夜间施工。 3) 非夜间施工照明。 4) 二次搬运。 5) 冬雨期施工。 6) 地上、地下设施、建筑物的临时保护设施。 7) 已完工程及设备保护

3.4 不可抗力事件索赔费用（一般考点）

	公式	详解要点
不可抗力事件索赔费用	（1）不可抗力期 1）费用各自承担，窝工、闲置不可索赔，只计算规费、税金。 2）工期可以索赔。 3）索赔费用划分。 ① 可索赔内容： √ 合同工程本身的损坏、运至施工现场用于施工的材料（非甲供材）和待安装的设备损坏（非甲供材）； √ 看护停工现场； √ 处理材料费； √ 重新购买非甲供材产生的材料费和材料检验费； √ 重新购买甲供材产生的保管费和材料检验费。 ② 不可索赔内容： × 因停工产生的窝工、闲置、租赁费； × 周转材料、机械设备损坏。 ③ 不可抗力期索赔实质： 从属性角度，属于发包人的可以索赔，如主体结构工程、材料。 从服务角度，为发包人做的可以索赔，如处理材料、看护停工现场。 索赔费必须属于合同价外费用，未包含在合同价内	（2）修复期 1）费用各自承担，窝工、闲置不可索赔； 2）计取管理费和利润（题目明确修复期不计取管理费和利润除外）。 3）工期可以索赔。 4）索赔费用划分： ① 可索赔内容： √ 分部分项工程费：修复结构； √ 措施项目费：抽水、降水、修建排水沟；发包人提出的赶工；复工技术措施费。 ② 不可索赔内容： × 因修复产生的窝工、闲置、租赁费； × 承包人赶工。 5）索赔费用按所属项目（分部分项工程费、措施项目费）形成索赔费用： ① 发生分部分项工程费，索赔费用＝分部分项工程费×（1＋措施费费率）×（1＋规费、税金费率）。 ② 仅发生措施项目费，索赔费用＝措施项目费×（1＋规费、税金费率）。 ③ 修复期发生分部分项工程费和措施项目费是否计取管理费和利润，依据题目条件确定，未特别说明计取管理费和利润。

3.5 奖罚费用（重要考点）

	公式	详解要点
奖罚费用	解题步骤： （1）第一步，计算网络图批准工期：截至最后一个事件发生后的批准工期，最终关键线路批准工期＝合同工期＋超过总时差后可索赔天数。 （2）第二步，计算网络图实际工期：截至最后一个事件实际工期，最终关键线路长度。 （3）第三步，计算奖罚费用：单位奖罚费用×（批准工期－实际工期）	

3.6 合同价款调整额（重要考点）

	公式	详解要点
合同价款调整额	合同价款调整额＝总索赔费用＋奖罚费用＋因发包人原因导致的分包索赔费用 （1）总索赔费用 （2）奖罚费用 （3）若有分包单位，因发包人原因导致分包索赔费用	

3.7 价款调整规定（重要考点）

	公式
价款调整规定	（1）工程量偏差超过±15%： 1）工程量增加15%以上，增加部分的工程量的综合单价应予以调低。	（3）法律法规变化：招标工程以投标截止时间前28天，其后因国家的法律、法规、规章和政策发生变化引起工程造价增减变化的，发承包双

续表

公式	
价款调整规定	2) 当工程量减少15%以上，减少后剩余部分的工程量的综合单价应予以调高。 （2）工程量清单缺项、项目特征不符、工程变更除专用合同条款另有约定外，变更估价按照本款约定处理： 1) 已标价工程量清单或预算书有相同项目的，按照相同项目单价认定。 2) 已标价工程量清单或预算书中无相同项目，但有类似项目的，参照类似项目的单价认定。 3) 已标价工程量清单或预算书中无相同项目及类似项目单价的，按照合理的成本与利润构成的原则，由合同当事人确定变更工作的单价	方应按照省级或行业建设主管门或其授权的工程造价管理机构据此发布的规定调整合同价款（在阴影区域时间内发生政策变化，可以调整合同价款）。 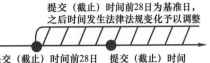 提交（截止）时间前28日为基准日，之后时间发生法律法规变化予以调整 提交（截止）时间前28日　提交（截止）时间 （4）暂估价： 1) 暂估材料、工程设备：属于依法必须招标的，由发承包双方共同选择供应商，并以此取代暂估价，调整合同价款；不属于依法必须招标的，由承包人按照合同约定采购，发包人确认单价，调整合同价款。 2) 暂估专业（略）

（三）强化训练

【强化训练1】绘制时标网络图、时间参数的计算和应用

建设单位拟建一栋职工住宅，采用工程量清单方式招标，并与承包人按《建设工程施工合同（示范文本）》GF—2017—0201签订了工程施工承包合同。合同工期为230天。施工承包合同约定：管理费和利润为人机费用之和的16%，规费和税金为人材机费用、管理费与利润之和的13%。各分部分项工程的措施费按其相应工程费的25%计取。综合工日单价为120元/工日，机械台班单价为800元/台班，窝工、闲置补偿按其台班单价的70%计；承包人编制的施工进度计划得到监理工程师的批准，如图5-16所示。

第五章强化训练

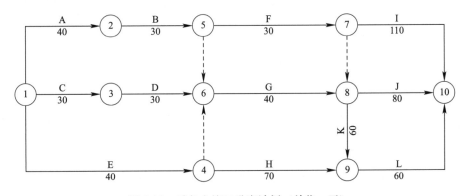

图5-16　承包人施工进度计划（单位：天）

事件1：发包人约定本施工项目质量保修期为50年，在保修期（50年）满后，质量保证金扣除已支出费用后的剩余部分退还给承包人。

事件2：分项工程B、F、J共用一台专用施工机械顺序施工，承包人计划第40天末

租赁该专用施工机械进场，第 190 天末退场。

事件 3：分项工程 D 发生设计变更，新增工作内容包括挖掘运输建筑垃圾 1500m³，造成分项工程 D 工作延长 20 天。针对设计变更，承包人估价如表 5-1 分项工程 D 设计变更工程估价表所示。

分项工程 D 设计变更工程估价表（单位：元）　　表 5-1

序号	项目名称	单位	人材机费合计	人工费	材料费	机械费
1	挖掘机挖掘建筑垃圾，自卸汽车运输（运距 15km）	1000m³	32291.90	211.20	2165.70	29915.00

问题：

1. 指出发包人在事件 1 中针对质量保修期和退还质量保证金约定的不合理之处，应如何修改？

2. 事件 2 中专用施工机械按计划进场并在第 190 天末退场，在此情况下闲置多长时间？若在最晚进场时间下，尽量使该施工机械在现场闲置时间最短，三项工作的开始作业时间应如何安排？最短闲置时间为多少天？

3. 计算事件 3 中分项工程 D 可获得的索赔费用、索赔工期。

4. 根据图 5-16，在答题卡给出的时标图表上绘制继事件 3 发生后承包人的早时标网络施工进度计划图（图 5-17）（以元为单位，计算过程和结果均保留两位小数）。

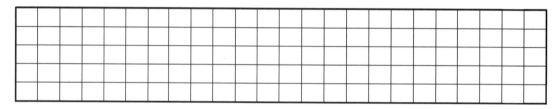

图 5-17　继事件 3 后承包人施工进度计划（单位：天）

【答案解析】

1. 难度指数：☆☆☆☆

2. 本题考查内容：

(1) 索赔事件中质量保修期的规定及缺陷责任期。

(2) 分项工程综合单价。

(3) 绘制时标网络图。

(4) 时间参数计算和应用。

(5) 索赔工期。

3. 本题难度：

(1) 本题中考查了较少复习到的质量保修期和缺陷责任期的考点。

(2) 绘制时标网络图各分项工作按最早开始时间绘制，详见本篇"（二）详解考点第五章 2.4 基于双代号网络图应用绘制时标网络图"。

(3) 索赔费用详见本篇"（二）详解考点第五章 3.2 引起分部分项工程费调整－因分部分项工程量增加引起调整"，注意本题中管理费和利润的计算基数。

【答案】

1. 第 1 小题

(1) 指出发包人在事件 1 中针对质量保修期约定的不合理之处，应如何修改？

1) 质量保修期（50 年）不合理。

2) 正确方式：质量保修期应按地基与基础、主体结构设计的合理使用年限。

(2) 指出发包人在事件 1 中针对质量保证金约定的不合理之处，应如何修改？

1) 在保修期（50 年）满后，质量保证金扣除已支出费用后的剩余部分退还给承包人不合理。

2) 正确方式：在施工合同中双方约定工程缺陷责任期，缺陷责任期最长不超过 2 年。缺陷责任期满后，发包人退还质量保证金。

2. 第 2 小题

(1) 专用施工机械按计划进场并在第 190 天未退场，闲置 10 天。

(2) 若在最晚进场时间下，尽量使该施工机械在现场闲置时间最短，该三项工作的开始作业时间应如何安排？最短闲置时间为多少天？

1) 计算三项工作时间参数：

B：ES：40　EF：50　F：ES：70　EF：90　J：ES：110　EF：150
　　LS：70　LF：80　　　　ES：100　LF：120　　　　LS：190　LF：230

2) 确定闲置时间：分项工程 B 最晚进场为第 50 天末，F 工作第 80 天末开始，J 工作第 110 天末开始，机械闲置 0 天。

3. 第 3 小题

(1) 分项工程 D 索赔费用：[1500/1000×(211.20＋29915)×1.16＋2165.70]×1.25×1.13＝78631.24（元）。

(2) 分项工程 D 的索赔工期：10 天。

4. 第 4 小题（图 5-18）

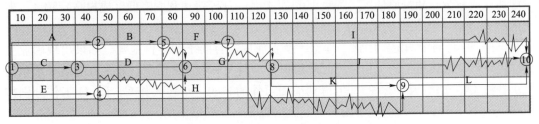

图 5-18　继事件 3 后承包人施工进度计划（单位：天）

【强化训练 2】双代号网络图时间参数的应用、流水工期、合同价款调整额

建设单位采用工程量清单方式招标，并与承包人按《建设工程施工合同（示范文本）》GF—2017—0201 签订了工程施工承包合同。合同工期为 210 天。施工承包合同约定：管理费和利润为人材机费用之和的 16%，规费和税金为人材机费用、管理费与利润之和的 13%。各分部分项工程的措施费按其相应工程费的 25% 计取。人工单价为 135 元/工日，窝工补偿按照人工单价的 70% 计；机械台班单价为 800 元/台班，机械闲置补偿按其台班单价的 70% 计；人工窝工和施工机械闲置补偿均不计取管理费和利润。承包人编制的施工进度计划得到监理工程师的批准，如图 5-19 所示。

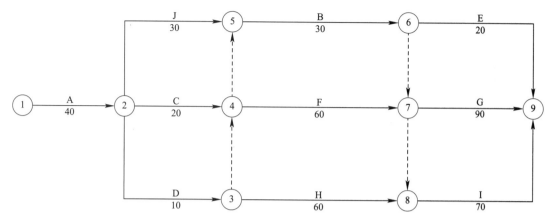

图 5-19 承包人施工进度计划（单位：天）

该工程项目施工过程中发生如下事件：

事件 1：①承包人依据招标文件中地质资料确定了 A 工作的施工方案，选择了某小型挖掘机进行土方工作。在施工过程中，发现此土质很难开挖，增加人工 15 个工日，机械 6 个台班，A 工作停工 4 天。②在 A 工作施工到第 15 天时业主提出设计变更，致使 A 工作施工时间延长 6 天，承包人增加用工 50 个工日、施工机械 10 个台班、材料费用 78000 元；承包人窝工 25 个工日、施工机械闲置 5 个台班，承包人及时向发包人提出 10 天工期索赔及费用索赔。

事件 2：施工前承包人编制了工程施工进度计划（图 5-19）和相应的设备使用计划，该工程 D、F、I 工作使用一台特种设备吊装。受到事件 1 影响后，项目监理机构要求承包人重新编制施工进度计划。

事件 3：原设计 H 分项工程估算工程量为 180m²，由于发包人提出新的使用功能要求，进行了设计变更。该分项工程量增加 60m²。人材机费用为 360 元/m²，合同约定工程量增加（或减少）超过原估算工程量 15％以上时，管理费和利润降低（或提高）50％。变更前后 H 工作的施工方法和施工效率保持不变。

事件 4：合同中约定：因该工程急于投入使用，合同工期不得拖延。如果出现因业主方原因导致关键线路上的工作持续时间延长，承包人采取赶工措施，业主方应给予承包商赶工补偿 10000 元/天（含税）。考虑到前面事件的影响，承包人将 C、F、G 工作分别按流水节拍 10、30、45 组织异步距异节奏流水施工，以缩短工期。

问题：

1. 事件 1 中，依据施工承包合同约定，分别指出承包人提出的两项索赔是否成立？说明理由。可索赔费用数额是多少？可批准的工期索赔为多少天？

2. 因事件 1 的影响，计算该特种设备最迟第几天末必须租赁进场？此时，该特种设备在现场的最短闲置时间为多少天？

3. 计算事件 3 承包人可以获得的索赔费用及索赔工期。

4. 依据施工承包合同约定，施工单位可获得的（含税）赶工费用为多少元？计算承包人总的合同价款调整额。

5. 画出事件 4 中 C、F、G 三项工作流水施工的横道图（以元为单位，计算过程和结果均保留两位小数）。

【答案解析】

1. 难度指数：☆☆☆☆

2. 本题考查内容：

（1）判断索赔事件成立性。

（2）时间参数的计算和应用。

（3）流水施工工期。

（4）合同价款调整额。

3. 本题难度：

（1）本题中考查了索赔事件的判断，承包人依据发包人提供的资料作出的方案导致的损失不可索赔。详见本篇"（二）详解考点第五章1.3索赔不成立事件"。

（2）合同价款调整额＝∑索赔费用＋赶工费用。

（3）流水工期的计算难点在间歇时间的确定；G工作最早开始时间－流水施工线路上G工作开始时间＝间歇时间。详见本篇"（二）详解考点第五章2.4基于双代号网络图应用流水施工"。

【答案】

1. 第1小题

（1）事件1中承包人提出①事件索赔不成立。理由：承包人依据业主提供地质资料作出的决定，在地质资料没有错误的情况下，此部分风险由承包人承担。

（2）事件1中承包人提出②事件索赔成立。理由：因发包人提出设计变更，承包人在索赔时效内可以提出索赔。

（3）索赔费用：$(50 \times 135 + 10 \times 800 + 78000) \times (1 + 16\%) \times (1 + 25\%) \times (1 + 13\%) + (25 \times 135 \times 70\% + 5 \times 800 \times 70\%) \times (1 + 13\%) = 157804.50$（元）。

（4）可批准的工期索赔：6天。

2. 第2小题

（1）三项工作时间参数：

D ES：50 EF：60
LS：60 LF：70

F ES：70 EF：130
LS：70 LF：130

I ES：130 EF：200
LS：150 LF：220

（2）特种设备最迟第60天末进场，最短闲置时间为0天。

3. 第3小题

（1）索赔费用：$[180 \times 15\% \times 360 \times (1 + 16\%) + (60 - 180 \times 15\%) \times 360 \times (1 + 16\% \times 50\%)] \times (1 + 25\%) \times (1 + 13\%) = 34049.16$（元）。

（2）索赔工期：0天，H工作总时差为30天，H工作变更后延长时间没有超过总时差。

4. 第4小题

（1）赶工费：$6 \times 10000 = 60000.00$（元）

（2）承包人总的合同价款调整额：157804.50＋34049.16＋60000＝251853.66（元）。

5. 第 5 小题（图 5-20）

	10	20	30	40	50	60	70	80	90	100	110	120	130	140	150
C	①	②													
F			①			②									
G									①					②	

图 5-20　横道图

【强化训练 3】补充实工作、材料价格调整

建设单位采用工程量清单方式招标，并与承包人按《建设工程施工合同（示范文本）》GF—2017—0201 签订了工程施工承包合同。合同工期为 310 天。施工承包合同约定：管理费和利润为人材机费用之和的 16％，规费和税金为人材机费用、管理费与利润之和的 10％。各分部分项工程的措施费按其相应工程费的 25％计取。综合工日单价为 118 元/工日，窝工补偿按照 70％计，机械台班单价为 1200 元/台班，机械闲置补偿按其台班单价的 70％计；人工窝工和施工机械闲置补偿均不计取管理费和利润。承包人编制的施工进度计划得到监理工程师的批准，如图 5-21 所示。

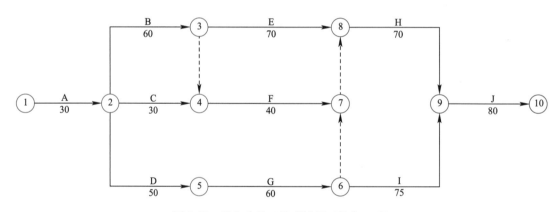

图 5-21　承包人施工进度计划（单位：天）

该工程项目施工过程中发生如下事件：

事件 1：A 分项工程施工前，承包人依据招标文件提供的供应商参考资料，选择了一家距工地 4km 的混凝土供应商。开工后，发现混凝土配合比不符合质量要求，承包商只得从另一距工地 20km 的混凝土站点采购。处理原混凝土费用 13000 元，材料费 45000 元，人员窝工 15 个工日，机械闲置 10 个台班，A 工作延长 8 天。承包人及时提出工期索赔和费用索赔。

事件 2：业主提出增加一项 K 工作，K 工作持续时间 30 天。根据施工工艺关系，K 工作为 C 工作的紧后工作，为 G 工作的紧前工作。K 工作共用工 35 个工日，机械 15 个台班，材料费用 15000 元。承包人及时办理了索赔事宜。

事件 3：招标文件中规定当材料购买价格超过原投标材料单价的±5％范围，材料

进行调价；F 工作中 C30 混凝土投标（不含税）单价为 430 元/m³，数量为 300m³。施工过程中发生材料实际（不含税）采购单价比原投标（不含税）单价上涨 16%。施工单位提出调整综合单价，已知原投标综合单价为 536.71 元/m³，混凝土单位损耗率为 2%。

问题：

1. 在事件 1 中承包人是否可以获得索赔？并说明理由；如果可以索赔，计算可获得的索赔费用和工期。

2. 计算事件 2 中索赔费用并绘制发生事件 2 后承包人施工进度计划网络图。

3. 计算事件 3 中调整后的综合单价是多少？核定的结算款应为多少（以元为单位，计算过程和结果均保留两位小数）？

【答案解析】

1. 难度指数：☆☆☆

2. 本题考查内容：

（1）判断索赔事件成立性。

（2）补充实工作。

（3）材料价格调整。

3. 本题难度：

（1）索赔事件的判断，承包人选用招标文件中供货方信息造成的责任由承包人承担。

（2）补充实工作属于开始节点有箭线引入情况，需要把开始节点拆成两个节点绘制。详见本篇"（二）详解考点第五章 2.4 基于双代号网络图应用补充实工作"。

（3）材料价格调整中数量是材料使用量，清单工程量未知。题目背景清单工程量＝$\dfrac{材料用量}{（1＋损耗率）}$。

$$实际综合单价＝\dfrac{材料价差×材料使用量×（1＋管理费、利润费率）}{清单量}＋投标综合单价$$

（4）核定结算价：

1）第一种方法＝投标综合单价×清单量×（1＋措施费率）×（1＋规费、税金费率）＋材料价差×材料使用量×（1＋管理费、利润费率）×（1＋措施费率）×（1＋规费、税金费率）。

2）第二种方法＝实际综合单价×清单量×（1＋措施费率）×（1＋规费、税金费率）。

【答案】

1. 第 1 小题

（1）承包人不可以对事件 1 提出索赔。

（2）理由：承包人依据招标文件中的参考资料选择的供应商应由承包人负责。根据《建设工程施工合同（示范文本）》GF—2017—0201 规定，在招标人提供的信息无误的情况下，招标人不对承包人做出的决定负责，由承包人承担因其产生的风险及损失。

2. 第 2 小题

（1）索赔费用：（35×118＋15×1200＋15000）×1.16×1.25×1.1＝59222.35（元）。

（2）绘制网络图，如图 5-22 所示。

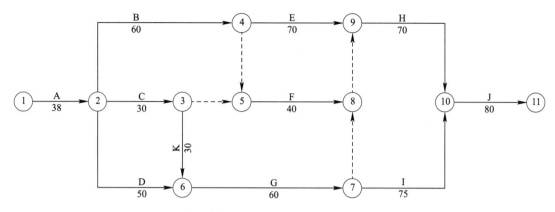

图 5-22　发生事件 2 后承包人施工进度计划（单位：天）

3. 第 3 小题

（1）综合单价：

1）调整后综合单价第一种方法：$536.71 + \dfrac{\dfrac{430 \times (16\% - 5\%) \times 300}{300}}{1.02} \times 1.16 = 592.68$（元/m³）。

2）调整后综合单价第二种方法：$536.71 + 430 \times (16\% - 5\%) \times 1.02 \times 1.16 = 592.68$（元/m³）。

（2）核定结算款：

1）核定结算款第一种方法：$592.68 \times 300/1.02 \times 1.25 \times 1.1 = 239686.76$（元）。

2）核定结算款第二种方法：$[536.71 \times 300/1.02 + 430 \times (16\% - 5\%) \times 300 \times 1.16] \times 1.25 \times 1.1 = 239684.89$（元）。

第六章 工程结算与决算

（一）汇总考点

1. 开工前
- 1.1 合同价（重要考点）
- 1.2 预付款（重要考点）
- 1.3 开工前应支付安全文明施工费（或措施项目费）工程款（重要考点）

2. 进度
- 2.1 综合单价（重要考点）
- 2.2 进度款（重要考点）
- 2.3 偏差分析（重要考点）
- 2.4 增值税额（重要考点）

3. 竣工结算
- 3.1 分部分项工程费增减额（重要考点）
- 3.2 措施项目费增减额（重要考点）
- 3.3 合同价增减额（重要考点）
- 3.4 实际总造价（重要考点）
- 3.5 竣工结算尾款（重要考点）

（二）详解考点

1. 开工前
1.1 合同价（重要考点）

开工前、进度

		公式	考题中是否属于必有项目
合同价	组成		
		（1）分部分项工程费	Σ综合单价×清单工程量	√
		（2）措施项目费 1）单价措施项目费	已知	×
		2）总价措施项目费	已知或未知：依据基数及费率计算	√
		（3）其他项目费 1）暂列金额	已知	√
		2）专业工程暂估价	已知	×
		3）总承包服务费	已知总承包服务费费率（总承包服务费不包含在专业工程暂估价中，属于另计项目）	×
		4）计日工	已知或未知	×
		（4）规费	略	√
		（5）增值税	略	√

合同价＝（分部分项工程费＋措施项目费＋其他项目费）×（1＋规费费率）×（1＋增值税税率）	不仅合同价按其组成项目计算，进度款和实际总造价同样按合同价的组成项目计算： （1）若合同价的组成包括单价措施项目费，进度款计算中考虑单价措施项目费拨付情况；实际总造价中考虑单价措施项目费的增减额。 （2）若合同价的组成包括专业工程暂估价及总承包服务费，进度款计算中考虑是否发生专业工程费用及总承包服务费；实际总造价中考虑实际专业工程费及总承包服务费

1.2 预付款（重要考点）

		公式		详解公式
预付款	计算基数	（1）考题类型一：在签约合同价基础上扣减	1）按签约合同价（扣除暂列金额和安全文明施工费）的百分比作为预付款	［合同价－（暂列金额＋安全文明施工费）×（1＋规费费率）×（1＋增值税税率）］×预付比例	（1）暂列金额、安全文明施工费（或总价措施项目费）以全费用形式扣减。 （2）预付款在题目中常以工程预付款、预付款等方式表述。表述虽有不同，但预付款不属于工程款
			2）按签约合同价（扣除暂列金额和总价措施项目费）的百分比作为预付款	［合同价－（暂列金额＋总价措施项目费）×（1＋规费费率）×（1＋增值税税率）］×预付比例	
		（2）考题类型二：分项工程（或分项工程和单价措施项目）合同价为基数	1）分项工程签约合同价的百分比作为预付款	分部分项工程费×（1＋规费费率）×（1＋增值税税率）×预付比例	合同价、工程款与应支付工程款的区别： （1）分部分项工程合同价或分部分项工程工程款指分部分项工程全费用；不代表应支付工程款。 （2）应支付工程款指应拨付工程款
			2）分项工程和单价措施项目工程款的百分比作为预付款	（分部分项工程费＋单价措施项目费）×（1＋规费费率）×（1＋增值税税率）×预付比例	
	扣回方式	（1）约定扣款方式	1）平均扣回	例如，工程预付款在第2、3个月的工程价款中平均扣回	
			2）按比例扣回	例如，在第1～3个月的工程款中分别按预付款的20%、40%、40%扣回	
		（2）计算起扣点	案例分析较少涉及，略		

1.3 开工期应支付安全文明施工费（或措施项目费）工程款（重要考点）

		公式	详解公式
开工期应支付安全文明施工费（或措施项目费）工程款	（1）预付比例	（1）预付比例100%： 例如，安全文明施工费按工程款支付方式提前支付给承包人	（1）预付比例与工程款支付比例在题目中位置不同： 1）"预付比例"跟随"安全文明施工费（或总价措施项目费）"。例如，安全文明施工费的70%作为提前支付的工程款。此处70%是预付比例，不是工程款支付比例。 2）工程款支付比例通常统一表述。例如，发包人按每次承包人应得工程款的90%支付。 （2）开工前应支付安全文明施工费（或措施项目费）工程款属于工程款，重点工程款的支付比例是否为100%
		（2）预付比例非100%： 例如，安全文明施工费工程款分2次支付，在开工前支付签约合同价的70%，其余部分在施工期间第3个月支付	
	（2）工程款支付比例	（1）所有项目的工程款支付比例非100%，统一描述： 例如，发包人按每次承包人应得工程款的90%支付	
		（2）除某项目外的工程款支付比例非100%，分项目表述工程款支付比例，未明确的项目工程款支付比例为100%。如下： 1）分项工程价款按完成工程价款的85%逐月支付。 2）单价措施项目和除安全文明施工费之外的总价措施项目工程款在工期第1～4个月均衡考虑，按85%比例逐月支付。 3）其他项目工程款的85%在发生当月支付。 从上述三项表述得知：未明确开工前支付安全文明施工费工程款的支付比例。因此开工前应支付安全文明施工费工程款的支付比例为100%	
	开工前应支付工程款求解思路：已完工程款→应支付工程款，已完工程款×工程款支付比例＝开工前应支付工程款。 （1）开工前应支付安全文明施工费工程款＝［安全文明施工费×预付比例×（1＋规费费率）×（1＋增值税税率）］×工程款支付比例 （2）开工前应支付措施项目费工程款＝［总价措施项目费×预付比例×（1＋规费费率）×（1＋增值税税率）］×工程款支付比例		

2. 进度

2.1 综合单价（重要考点）

		公式	详解公式
综合单价	（1）暂估材料	（1）已知材料消耗量，若清单工程量发生变化，公式中工程量为实际工程量，材料消耗量为实际消耗量： 投标综合单价＋$\dfrac{（实际采购价－投标报价）×（1＋管理费、利润费率）×材料消耗量}{工程量}$ （2）已知清单单位消耗量，无论清单工程量是否发生变化，单位消耗量不变： 投标综合单价＋（实际采购价－投标报价）×（1＋管理费、利润费率）×单位消耗量	通常清单工程量不发生变化
	（2）物价变化　1）采用实际采购价超过投标报价±5％方式调整	（1）材料价格上涨 1）已知材料消耗量，若清单工程量发生变化，公式中工程量为实际工程量，材料消耗量为实际消耗量： 投标综合单价＋$\dfrac{（实际采购价－投标报价×1.05）×（1＋管理费、利润费率）×材料消耗量}{工程量}$ 2）已知清单单位消耗量，无论清单工程量是否发生变化，单位消耗量不变： 　投标综合单价＋（实际采购价－投标报价×1.05）×（1＋管理费、利润费率）×单位消耗量	
		（2）材料价格下调 1）已知材料消耗量，若清单工程量发生变化，公式中工程量为实际工程量，材料消耗量为实际消耗量： 投标综合单价＋$\dfrac{（实际采购价－投标报价×0.95）×（1＋管理费、利润费率）×材料消耗量}{工程量}$ 2）已知清单单位消耗量，无论清单工程量是否发生变化，单位消耗量不变： 　投标综合单价＋（实际采购价－投标报价×0.95）×（1＋管理费、利润费率）×单位消耗量	
	2）采用价格指数法调整	不涉及	
	（3）因工程量偏差超过±15％	（1）清单工程量增加超过15％，超过15％部分调整综合单价： 　　超过15％部分综合单价＝投标综合单价×调整系数 （2）清单工程量减少超过15％，减少后剩余部分的工程量统一调整综合单价： 　　实际综合单价＝投标综合单价×调整系数	
	（4）新增项目	新增项目综合单价＝（人工费＋材料费＋机械费）×（1＋管理费、利润费率） 　　例如，在施工期间第3个月，发生一项新增分项工程D。经发承包双方核实确认，其工程量为300m²，每m²所需不含税人工和机械费用为110元，每m²所需甲、乙、丙三种材料不含税费用分别为80元、50元、30元；管理费和利润按人材机费用之和的18％计取，计算新增分项工程D综合单价（以元为单位，计算过程和结果均保留两位小数）。 　　综合单价：（110＋80＋50＋30）×（1＋18％）＝318.60（元/m²）	题目中人材机费指清单单位中人材机费；不是预算单价中人材机费用

2.2 进度款（重要考点）

		公式	详解公式
进度款	（1）某月应支付工程款（进度款）	（1）第一步：某月已完工程款	［当月发生分部分项工程费＋当月发生措施项目费＋当月发生计日工、变更、索赔工程费用＋当月发生专业工程费］×（1＋总承包服务费费率）×（1＋规费费率）×（1＋增值税税率）	（1）已完工程款＝应得工程款，应得工程款≠应支付工程款。例如，发包人按每次承包人应得工程款的90％支付。 （2）当月发生分部分项工程费＝∑实际工程量×实际综合单价： 1）考题类型一：某分项工程仅计划工程量发生变化； 2）考题类型二：某分项工程仅投标综合单价发生变化； 3）考题类型三：某分项工程计划工程量、投标综合单价均发生变化
		（2）第二步：某月应支付工程款（进度款）	某月应支付进度款＝已完工程款×工程款支付比例－抵扣预付款	某月应支付工程款＝某月应支付进度款
	（2）累计应支付工程款（或进度款）	（1）考题类型一：截至某月累计应支付进度款	（1）第一步：截至某月累计已完工程款。 （2）第二步：截至某月累计应支付进度款＝累计已完工程款×工程款支付比例－累计抵扣预付款	截至某月累计应支付进度款≠截至某月累计应支付工程款
		（2）考题类型二：截至某月累计应支付工程款	截至某月累计应支付工程款＝截至某月累计应支付进度款＋开工前期应支付安全文明施工费（或措施项目费）工程款	

2.3 偏差分析（重要考点）

		公式	详解公式
偏差分析	（1）基础数据	（1）已完工程计划费用＝∑已完分部分项工程量×投标综合单价×（1＋规费费率）×（1＋增值税税率）	（1）解题技巧： 1）费用偏差： ①进度相等，比较费用； ②费用偏差＝已完工程计划费用－已完工程实际费用。 2）进度偏差： ①费用相等，比较进度； ②进度偏差＝已完工程计划费用－拟完工程计划费用。 （2）混淆点： 1）费用及进度偏差公式中只包括分部分项工程，不包括措施项目及其他项目。 2）已完工程计划费用、已完工程实际费用、拟完工程计划费用均为包含规费、税金在内的全费用
		（2）已完工程实际费用＝∑已完分部分项工程量×实际综合单价×（1＋规费费率）×（1＋增值税税率）	
		（3）拟完工程计划费用＝∑计划分部分项工程量×投标综合单价×（1＋规费费率）×（1＋增值税税率）	
	（2）费用偏差	（1）已完工程计划费用－已完工程实际费用＞0，费用节约； （2）已完工程计划费用－已完工程实际费用＜0，费用增加	
	（3）进度偏差	（1）已完工程计划费用－拟完工程计划费用＞0，进度超前； （2）已完工程计划费用－拟完工程计划费用＜0，进度拖延	

2.4 增值税额（重要考点）

公式		详解公式
增值税额—销项税额	（1）考题类型一：计算某分项工程调整综合单价后的销项税额。销项税额＝实际综合单价×实际工程量×（1＋规费费率）×增值税税率。 例如，某分项工程调整后综合单价为 284 元/m³，分项工程量为 1100m³，规费按不含税人材机费用与管理费、利润之和的 7%，增值税税率为 9%。 计算分项工程 C 的销项税额（结果以万元为单位，计算过程和结果均保留三位小数）。 分项工程 C 销项税额：$\dfrac{284\times1100}{10000}\times1.07\times9\%=3.008$（万元） （2）考题类型二：计算新增分项工程的销项税额。销项税额＝综合单价×工程量×（1＋规费费率）×增值税税率。 例如，第 3 月新增分项工程 E，工程量为 350m²。每 m² 不含税人工和机械的费用为 170 元，每 m² 所需材料含税费用为 180 元；每 m² 材料费可抵扣进项增值税综合税率为 5%；管理费和利润按不含税人机费用的 16%，规费按不含税人材机费用与管理费、利润之和的 7%，增值税税率为 9%。计算分项工程 E 的销项税额。（综合单价以元为单位，计算过程和结果均保留两位小数；销项税额以万元为单位，计算过程和结果均保留三位小数） 1）分项工程 E 综合单价：$(170+180/1.05)\times1.16=396.06$（元/m²）。 2）分项工程 E 的销项税额：$\dfrac{396.06\times350}{10000}\times1.07\times9\%=1.335$（万元）	（1）某分项工程的销项税额，如同工程造价中的增值税额；分项工程属于最小结构单元，可以计算某分项工程的销项税额。 （2）分项工程计算销项税额与工程造价中增值税额的计算思路一致。 1）工程造价中增值税额以前四项为基数。 2）分部分项工程中销项税额同样以前面项目为基数，但前面项目仅包括分部分项工程费和规费。 （3）分项工程销项税率＝增值税税率（合同价组成中明确增值税税率，通常增值税税率为 9%）
增值税额—进项税额	（1）考题类型一：计算某分项工程调整综合单价后的进项税额；除发生价格变化材料外的进项税额已知。 价格变化材料的进项税额＝$\underbrace{\text{材料不含税实际采购价格×进项税税率}}_{\text{材料单位进项税额}}\times\underbrace{\text{材料清单单位消耗量×实际工程量}}_{\text{材料实际使用量}}$ 例如，分项工程 C 所需的材料 C1 损耗率为 3%，分项工程 C 所需的工程材料 C1 实际含税采购价格为 90 元/m³（含可抵扣进项税，税率为 3%），分项工程量为 1100m³，如果除材料 C1 外的其他进项税额为 2.8 万元（其中，普通发票为 0.5 万元），则分项工程 C 的可抵扣进项税额为多少万元？（以元为单位，计算过程和结果均保留两位小数；以万元为单位，计算过程和结果均保留三位小数） 1）材料 C1 除税单价：$90/1.03=87.38$（元/m³）。 2）材料 C1 可抵扣进项税额：$\dfrac{87.38\times3\%\times1.03\times1100}{10000}=0.297$（万元）。 3）分项工程 C 可抵扣进项税：$0.297+2.8-0.5=2.597$（万元） （2）考题类型二：计算新增分项工程中人工费、材料费、机械费的进项税；单位进项税额已知（此处指清单单位进项税额）。 进项税额＝$\sum\underbrace{\text{各要素清单单位进项税额}}_{\text{清单单位进项税额}}\times\underbrace{\text{工程量}}_{\times\text{工程量}}$ 若某要素清单单位进项税额未知，某要素清单单位进项税额＝要素不含税清单单位费用×进项税税率（如下题中计算材料清单单位进项税额）。 例如，第 3 月新增分项工程 E，工程量为 350m²。每 m² 不含税人工和机械的费用为 170 元，每 m² 所需材料含税费用为 180 元；每 m² 机械费可抵扣进项税额为 10 元，每 m² 材料费可抵扣进项增值税综合税率为 5%；计算分项工程 E 的进项税额（以万元为单位，计算过程和结果均保留三位小数）。 分项工程 E 的进项税额：$\dfrac{(180/1.05\times5\%+10)\times350}{10000}=0.650$（万元）	考题类型一与考题类型二采用的"量"不同，因此两者单位进项税额计算不同； （1）考题类型一：要素单位进项税额。 （2）考题类型二：清单单位进项税额

公式		详解公式
增值税额｜应纳增值税额	应纳增值税额＝销项税额－进项税额 例如，第3月新增分项工程E，工程量为350m²。每m²不含税人工和机械的费用为170元，每m²所需材料含税费用为180元；每m²机械费可抵扣进项税额为10元，每m²材料费可抵扣进项增值综合税率为5%；管理费和利润按不含税人材机费用的16%，规费按不含税人材机费用与管理费、利润之和的7%，增值税率为9%。计算分项工程E的应纳增值税额（综合单价以元为单位，计算过程和结果均保留两位小数；应纳增值税额以万元为单位，计算过程和结果均保留三位小数）。 （1）分项工程E的综合单价：$(170+180/1.05)\times1.16=396.06$（元/m²）。 （2）分项工程E的销项税额：$\dfrac{396.06\times350}{10000}\times1.07\times9\%=1.335$（万元）。 （3）分项工程E的进项税额：$\dfrac{(180/1.05\times5\%+10)\times350}{10000}=0.650$（万元）。 （4）分项工程E的应纳增值税额：$1.335-0.650=0.685$（万元）	销项税额、进项税额均指分项工程的销项税额、进项税额；因此应纳增值税额是分项工程的应纳增值税额

3. 竣工结算

3.1 分部分项工程费增减额（重要考点）

公式				详解公式
分部分项工程费增减额	（1）暂估材料		（1）清单工程量不发生变化： 1）分部分项工程费增减额＝（实际综合单价－投标综合单价）×清单工程量。 2）分部分项工程费增减额＝（实际采购价－投标报价）×材料使用量×（1＋管理费、利润费率）。 （2）清单工程量发生变化： 分部分项工程费增减额＝实际综合单价×实际工程量－投标综合单价×清单工程量	关于增减额： （1）分部分项工程费增减额指"分部分项工程综合费用增减额"。 （2）分部分项工程合同价增减额指"分部分项工程全费用增减额"
	（2）物价变化	（1）采用实际采购价超过投标报价±5%方式调整	（1）清单工程量不发生变化： 1）分部分项工程费增减额＝（实际综合单价－投标综合单价）×清单工程量。 2）材料价格上涨超过5%＝（实际采购价－投标报价×1.05）×材料使用量×（1＋管理费、利润费率）。 3）材料价格下降超过5%＝（实际采购价－投标报价×0.95）×材料使用量×（1＋管理费、利润费率）。 （2）清单工程量发生变化： 分部分项工程费增减额＝实际综合单价×实际工程量－投标综合单价×清单工程量	
		（2）采用价格指数法调整	略 竣工结算	
	（3）工程量偏差	（1）清单工程量增加	（1）不超过15%：分部分项工程费增加额＝（实际工程量－清单工程量）×投标综合单价	
			（2）超过15%：分部分项工程费增加额＝15%×清单工程量×投标综合单价＋（实际工程量－1.15清单工程量）×投标综合单价×系数	
		（2）清单工程量减少	（1）不超过15%：分部分项工程费减少额＝（实际工程量－清单工程量）×投标综合单价	
			（2）超过15%：分部分项工程费减少额＝实际工程量×实际综合单价－清单工程量×投标综合单价	
	（4）新增项目		（1）新增项目综合单价＝（人工费＋材料费＋机械费）×（1＋管理费、利润费率） （2）分部分项工程费增加额＝综合单价×清单工程量	

3.2 措施项目费增减额（重要考点）

	公式			详解公式
措施项目费增减额	（1）单价措施项目费增减额	（1）调整方式一：在"工程价款组成"中，明确某单价措施项目随工程量变化同比例变化	例如，单价措施项目费用合计150000元，其中与分项工程D配套的单价措施项目费用为50000元，该费用根据分项工程D的工程量变化同比例变化，并在结算时统一调整支付，其他单价措施项目费用不予调整	单价措施项目费增减额＝$\dfrac{投标单价措施项目费}{清单工程量}$×增减工程量
		（2）调整方式二：在"施工过程发生事件"中，明确增加单价措施项目费（或单价措施项目工程款）	例如，第4月新增分项工程E，工程量为300m²，每m²不含税人工和机械的费用为150元；所需甲、乙、丙三种材料不含税价格分别为80元/m²、50元/m²、30元/m²，每m²所需甲、乙、丙三种材料损耗率均为2%。相应的单价措施项目费用为2万元	依据已知条件确定增加或减少的单价措施项目费（或单价措施项目工程款）
	（2）总价措施项目费增减额	（1）调整方式一：在"工程价款组成"中，明确随计取基数变化	例如，总价措施项目费用含有安全文明施工费及其余总价措施项目费。其中安全文明施工费按分项工程和单价措施项目费用之和的6%计取，其余总价措施项目费用按分项工程费用的8%计取	（1）安全文明施工费增减额＝计取基数（综合费用）增减额×费率。 （2）其余总价措施项目费增减额＝计取基数（综合费用）增减额×费率（若发生）
		（2）调整方式二：在"施工过程发生事件"中，明确增加总价措施项目费（或总价措施项目工程款）	例如，第4月新增分项工程E，工程量为800m³。每m³不含税人工和机械的费用为180元；该分项工程所需甲、乙、丙三种材料的含税价格分别为80元/m³、50元/m³、30元/m³（含可抵扣进项税税率均为3%），甲、乙、丙三种材料损耗率均为1.5%；新增二次搬运措施项目费用为2万元	依据已知条件确定增加或减少的总价措施项目费（或总价措施项目工程款）

3.3 合同价增减额（重要考点）

	公式	详解公式
合同价增减额	按合同价各组成部分的增减额计算合同价增减额，如下： 合同价增减额＝分部分项工程合同价增减额＋措施项目合同价增减额＋其他项目合同价增减额 （1）分部分项工程合同价增减额＝分部分项工程费增减额×（1＋规费费率）×（1＋增值税税率）。 （2）措施项目合同价增减额＝措施项目费增减额×（1＋规费费率）×（1＋增值税税率）。 （3）其他项目合同价增减额＝［实际签证、计日工、索赔工程费用＋实际专业工程费×（1＋总承包服务费费率）－合同价中其他项目费］×（1＋规费费率）×（1＋增值税税率）	已知其他项目实际费用： 例如，施工期间第5月，发生现场签证和施工索赔工程费用6.6万元；经发承包双方共同确认，分包专业工程费用为105000元（不含可抵扣进项税）；其他月份未发生新增费用。 其他项目合同价增减额＝［6.6＋10.5×（1＋总承包服务费费率）－合同价中其他项目费］×（1＋规费费率）×（1＋增值税税率）

3.4 实际总造价（重要考点）

	公式	详解公式
实际总造价	（1）以合同价为基础计算实际总造价： 实际总造价＝合同价＋合同价增减额	
	（2）以各组成部分的实际费用计算实际总造价： 实际总造价＝（实际分部分项工程费＋实际措施项目费＋实际其他项目费）×（1＋规费费率）×（1＋增值税税率） 1）实际分部分项工程费＝投标分部分项工程费＋分部分项工程费增减额。 2）实际措施项目费＝投标措施项目费＋措施项目费增减额。 3）实际其他项目费＝实际签证、计日工、索赔工程费用＋实际专业工程费用×（1＋总承包服务费费率）	以各组成部分的实际费用计算实际总造价： （1）实际分部分项工程费、实际措施项目费以增减额方式计算。 （2）实际其他项目费已知

3.5 竣工结算尾款（重要考点）

公式	详解公式
（1）明确已支付工程款： 1）已支付工程款不含预付款 ① 扣留3％质量保证金：竣工结算（尾）款＝实际总造价×（1－质保金比例）－已支付工程款－预付款 ② 采用工程质量保函：竣工结算（尾）款＝实际总造价－已支付工程款－预付款 2）已支付工程款含预付款 ① 扣留3％质量保证金：竣工结算（尾）款＝实际总造价×（1－质保金比例）－已支付工程款 ② 采用工程质量保函：竣工结算（尾）款＝实际总造价－已支付工程款	"不含预付款"与"含预付款"的区别： （1）不含预付款在计算竣工结算尾款时扣预付款。 （2）含预付款在计算竣工结算尾款时不扣预付款
（2）未明确已支付工程款： 1）实际发生金额在结算前均结算调整 ① 扣留3％质量保证金：竣工结算（尾）款＝实际总造价×（1－质保金比例－工程款支付比例） ② 采用工程质量保函：竣工结算（尾）款＝实际总造价×（1－工程款支付比例） 2）部分实际发生金额在结算时调整 ① 扣留3％质量保证金：竣工结算（尾）款＝实际总造价×（1－质保金比例）－（实际总造价－结算时结算金额）×工程款支付比例 ② 采用工程质量保函：竣工结算（尾）款＝实际总造价－（实际总造价－结算时结算金额）×工程款支付比例	"实际发生金额在结算前均结算调整"和"部分实际发生金额在结算时调整"工程款支付比例的基数不同： （1）实际发生金额在结算前均结算调整按"实际总造价×工程款支付比例"扣减。 （2）部分实际发生金额在结算时调整按"（实际总造价－结算时结算金额）×工程款支付比例"扣减

（三）强化训练

【强化训练1】 材料价格调整、销项税额、进项税额、总价措施项目费调整、部分实际发生金额在结算时调整

第六章
强化训练1、2

某工程项目发承包双方签订了建设工程施工合同。工期5个月，有关工程价款及其支付条款约定如下：

1. 工程价款：

（1）分项工程项目费用合计76.600万元，包括A、B、C、D四项。清单工程量分别为600m³、900m²、1000m³、600m³，综合单价分别为180元/m³、360元/m²、280元/m³、90元/m³。分项工程造价数据与施工进度如表6-1所示。

分项工程造价数据与施工进度表　　　　表6-1

名称	月份		施工进度计划（单位：月）				
分项工程	清单工程量	综合单价	1	2	3	4	5
A	600m³	180元/m³	══	══			
B	900m²	360元/m²		══	══		
C	1000m³	280元/m³			══	══	
D	600m³	90元/m³				══	══

注：分项工程计划进度均为匀速进度。

（2）单价措施项目费用合计12.000万元。

（3）总价措施项目费用含有安全文明施工费及其余总价措施项目费。其中安全文明施工费按分项工程和单价措施项目费用之和的6％计取，其余总价措施项目费用10.000万

元。安全文明施工费随计取基数在第 5 个月末办理竣工结算时统一调整支付，其余总价措施项目费不予调整。

（4）暂列金额 5.000 万元。

（5）上述工程费用均不包含增值税可抵扣进项税额。

（6）管理费和利润按人材机费用之和的 15%，规费按不含税人材机费用与管理费、利润之和的 7%，增值税税率为 9%。

2. 工程款支付方面：

（1）开工前，发包人按签约合同价（扣除暂列金额和总价措施项目费）的 30% 支付给承包人作为预付款（在第 2～4 月的工程款中分别按预付款的 30%、30%、40% 扣回）。

（2）总价措施项目费工程款按签约合同价的 40% 与预付款同时支付，其余总价措施项目费工程款在第 2～4 月平均支付。

（3）分项工程项目工程款逐月结算。

（4）分项工程 C 所需的材料 C1 损耗率为 3%，承包人的不含税投标报价为 80 元/m³。工程款逐月结算时，当材料 C1 的实际采购价格在投标报价±5%（两种价均不含税）以内时，分项工程 C 的综合单价不予调整；当变动幅度超过该范围时，按超过的部分调整分项工程 C 的综合单价。

（5）单价措施项目工程款在施工期间的第 1～4 月平均支付。

（6）其他项目工程款在发生当月支付。

（7）发包人按每次承包人应得工程款的 90% 支付。

（8）第 5 月末办理竣工结算，承包人向发包人提供所在开户银行出具的工程质量保函（保函额为竣工结算价的 3%），并完成结清支付。

3. 该工程如期开工，施工中发生了经发承包双方确认的下列事项：

（1）分项工程 A 在第 1、2、3 月分别完成总工程量的 20%、30%、50%；分项工程 B 在第 2、3、4 月匀速完成。

（2）分项工程 C 所需的工程材料 C1 含税实际采购价格为 90 元/m³（含可抵扣进项税，税率为 3%）。

（3）第 2 个月发生索赔的含税工程款为 4 万元。

（4）其余工程内容的施工时间和价款均与原合同约定相符。

问题：

1. 总价措施项目工程款为多少万元？签约合同价为多少万元？开工前发包人应支付给承包人的预付款和总价措施项目工程款分别为多少万元？

2. 施工至第 2 月末，发包人累计应支付给承包人的合同价款为多少万元？进度偏差（不考虑措施项目费用的影响）为多少万元？

3. 分项工程 C 的综合单价应调整为多少元/m³，如果除材料 C1 外的其他进项税额为 2.1 万元（其中，普通发票为 0.5 万元），则分项工程 C 的销项税额、可抵扣进项税额和应纳增值税额分别为多少万元？

4. 第 5 月已完工程款为多少万元？分项工程项目费、措施项目费增减额分别为多少万元？该工程的竣工结算价为多少万元？竣工结算时发包人应支付给承包人的结算尾款为多少万元？（计算过程和结果有小数时，以元为单位的保留两位小数，以万元为单位的保留

三位小数)

【答案解析】

1. 难度指数：☆☆☆☆

2. 本题考查内容：

(1) 因材料价格变化引起综合单价的调整，详见本篇"(二)详解考点第六章2.1综合单价"。

(2) 总价措施项目费调整额随计取基数调整，详见本篇"(二)详解考点第六章3.2措施项目费增减额"。

(3) 销项税额、进项税额、应纳增值税额，详见本篇"(二)详解考点第六章2.4增值税额"。

(4) 部分实际发生金额在结算时调整，详见本篇"(二)详解考点第六章3.5竣工结算尾款"。

3. 本题难度：

(1) 分项工程C的销项税额、进项税额、应纳增值税额。

(2) 分部分项工程费增减额、措施项目费增减额、其他项目费增减额。

(3) 本题在第5月办理竣工结算，第5月已完工程款及措施项目费增减额在竣工结算时支付。

【答案】

1. 第1小题

(1) 总价措施项目工程款：$(76.6+12)×6‰×1.07×1.09+10×1.07×1.09=17.863$(万元)。

(2) 签约合同价：

1) 总价措施项目费：$(76.6+12)×6‰+10=15.316$(万元)。

2) 签约合同价：$(76.6+15.316+5+12)×1.07×1.09=127.029$(万元)。

(3) 开工前应支付预付款：$[127.029-(15.316+5)×1.07×1.09]×30\%=31.000$(万元)。

(4) 开工前应支付总价措施项目工程款：$15.316×40\%×1.07×1.09×90\%=6.431$(万元)。

2. 第2小题

(1) 施工至第2月末，发包人累计应支付给承包人的合同价款：

1) 施工至第2月末，累计分部分项工程费：$\dfrac{600×180×50\%+900×1/3×360}{10000}=16.200$(万元)。

2) 施工至第2月末，累计措施项目费：$\dfrac{12}{4}×2+\dfrac{15.316×60\%}{3}=9.063$(万元)。

3) 施工至第2月末，累计已完工程款：$(16.2+9.063)×1.07×1.09+4=33.464$(万元)。

4) 施工至第2月末，累计应支付合同价款：$33.464×90\%-31×30\%+6.431=27.249$(万元)。

（2）进度偏差：$\dfrac{600\times180\times50\%+900/3\times360}{10000}\times1.07\times1.09-\dfrac{600\times180+900/2\times360}{10000}\times$

$1.07\times1.09=-12.596$（万元）。

3. 第 3 小题

（1）分项工程 C 的综合单价：

1）分项工程 C 中 C1 实际除税采购价 $=90/1.03=87.38$（元/m^3）。

2）分项工程 C 综合单价：$280+(87.38-80\times1.05)\times1.03\times1.15=284.00$（元/$m^3$）。

（2）分项工程 C 的销项税额：$284\times1000/10000\times1.07\times9\%=2.735$（万元）。

（3）分项工程 C 的进项税额：$2.1-0.5+87.38\times1.03\times1000/10000\times3\%=1.870$（万元）。

（4）分项工程 C 应纳增值税额：$2.735-1.870=0.865$（万元）。

4. 第 4 小题

（1）第 5 月已完工程款：$600\times90/10000\times1/2\times1.07\times1.09=3.149$（万元）。

（2）分项工程项目费增减额：$4\times1000/10000=0.400$（万元）。

（3）措施项目费增减额：$0.4\times6\%=0.024$（万元）。

（4）竣工结算价：

1）竣工结算价第一种方法：$(76.6+15.316+12+0.4+0.024)\times1.07\times1.09+4=125.692$（万元）。

2）竣工结算价第二种方法：$127.029+(0.4+0.024-5)\times1.07\times1.09+4=125.692$（万元）。

（5）竣工结算尾款：$125.692-(125.692-0.024\times1.07\times1.09-3.149)\times90\%=15.428$（万元）。

【强化训练 2】新增项目、销项税额、进项税额、总价措施项目费调整、部分实际发生金额在结算时调整

某工程项目发承包双方签订了建设工程施工合同。工期 5 个月，有关工程价款及其支付条款约定如下：

1. 工程价款：

（1）分项工程项目费用 99.800 万元，包括 A、B、C、D 四项。费用数据与施工进度计划见表 6-2。

分项工程和单价措施造价数据与施工进度计划表　　　　　表 6-2

名称			月度	施工进度计划（单位：月）				
分项工程	工程量	综合单价	合价（万元）	1	2	3	4	5
A	800m^3	180 元/m^3	14.400					
B	1000m^2	360 元/m^2	36.000					
C	1000m^3	320 元/m^3	32.000					
D	600m^3	290 元/m^3	17.400					
合计			99.800	分项工程计划进度均为匀速进度				
单价措施项目费（万元）			15.000	4.000	3.000	2.000	3.000	3.000

（2）单价措施项目费用 15.000 万元。

（3）总价措施项目费用含有安全文明施工费及其余总价措施项目费。其中安全文明施工费按分项工程和单价措施项目费用之和的 6% 计取，其余总价措施项目费用 10.000 万元。

（4）暂列金额 8.000 万元。

（5）上述工程费用均不包含增值税可抵扣进项税额。

（6）管理费和利润按人材机费用之和的 18%，规费按不含税人材机费用与管理费、利润之和的 5%，增值税税率为 9%。

2. 工程款支付方面：

（1）开工前，发包人按签约合同价（扣除暂列金额和安全文明施工费）的 20% 支付给承包人作为预付款（在施工期间的第 2～4 月的工程款中平均扣回），同时将安全文明施工费按签约合同价的 70% 提前支付给承包人。

（2）分项工程项目工程款逐月结算。

（3）单价措施项目工程款逐月拨付，除开工前提前支付的安全文明施工费工程款的总价措施项目工程款，在施工期间的第 1～4 月平均支付。

（4）措施项目费变化值在竣工结算时支付。

（5）发包人按每次承包人应得工程款的 90% 支付。

（6）发包人在承包人提交竣工结算报告后的 30 天内完成审查工作，承包人向发包人提供所在开户银行出具的工程质量保函（保函额为竣工结算价的 3%），并完成结清支付。

3. 该工程如期开工，施工中发生了经发承包双方确认的下列事项：

（1）分项工程 B 在第 2、3、4 月分别完成总工程量的 20%、30%、50%。

（2）第 4 月新增分项工程 E，工程量为 800m³。每立方米不含税人工和机械的费用为 180 元；该分项工程所需甲、乙、丙三种材料的含税采购价格分别为 80 元/m³、50 元/m³、30 元/m³（含可抵扣进项税税率均为 3%），甲、乙、丙三种清单单位材料损耗率均为 1.5%。新增二次搬运措施项目，相应措施项目费用为 2.000 万元。

（3）其余工程内容的施工时间、工程量和价款均与签约合同相符。

问题：

1. 安全文明施工费、总价措施项目费为多少万元？签约合同价为多少万元？开工前发包人应支付给承包人的预付款和安全文明施工费工程款分别为多少万元？

2. 施工至第 2 月末，发包人累计应支付给承包人的工程款为多少万元？分项工程 B 进度偏差（不考虑措施项目费用的影响）为多少万元？

3. 分项工程 E 的综合单价为多少元/m³，如果除材料外的其他进项税额为 2.8 万元（其中，普通发票为 0.5 万元），则分项工程 E（不考虑总价措施项目）的销项税额、可抵扣进项税额和应纳增值税额分别为多少万元？

4. 合同价增减额是多少万元？该工程的竣工结算价为多少万元？竣工结算时发包人应支付给承包人的结算尾款为多少万元？（计算过程和结果有小数时，以元为单位的保留两位小数，以万元为单位的保留三位小数）

【答案解析】

1. 难度指数：☆☆☆

2. 本题考查内容：

（1）因新增项目调整综合单价，详见本篇"（二）详解考点第六章 2.1 综合单价"。

（2）总价措施项目费调整额随计取基数和总价措施项目费增加两种方式调整总价措施项目费，详见本篇"（二）详解考点第六章 3.2 措施项目费增减额"。

（3）销项税额、进项税额、应纳增值税额，详见本篇"（二）详解考点第六章 2.4 增值税额"。

（4）部分实际发生金额在结算时调整，详见本篇"（二）详解考点第六章 3.5 竣工结算尾款"。

【答案】

1. 第 1 小题

（1）安全文明施工费：$(99.8+15)\times6\%=6.888$（万元）。

（2）总价措施项目费：$6.888+10=16.888$（万元）。

（3）签约合同价：$(99.8+15+16.888+8)\times1.05\times1.09=159.873$（万元）。

（4）开工前发包人应支付给承包人的预付款：$[159.873-(8+6.888)\times1.05\times1.09]\times20\%=28.567$（万元）。

（5）开工前发包人应支付安全文明施工费工程款：$6.888\times70\%\times1.05\times1.09\times90\%=4.966$（万元）。

2. 第 2 小题

（1）施工至第 2 月末，发包人累计应支付给承包人的工程款：

1）累计分部分项工程费：$14.4+32/3+36\times20\%=32.267$（万元）。

2）累计措施项目费：$7+\dfrac{16.888-6.888\times70\%}{4}\times2=13.033$（万元）。

3）累计应支付工程款：$(32.267+13.033)\times1.05\times1.09\times90\%-28.567\times\dfrac{1}{3}+4.966=42.105$（万元）。

（2）分项工程 B 进度偏差：$36\times20\%\times1.05\times1.09-36\times50\%\times1.05\times1.09=-12.361$（万元）。

3. 第 3 小题

（1）分项工程 E 的综合单价：

1）分项工程 E 三种材料除税价格：$(80+50+30)/1.03=155.34$（元/m³）。

2）分项工程 E 的综合单价：$(155.34\times1.015+180)\times1.18=398.45$（元/m³）。

（2）分项工程 E 的销项税额：$\dfrac{398.45\times800\times1.05\times9\%}{10000}=3.012$（万元）。

（3）分项工程 E 的可抵扣进项税额：$2.8-0.5+\dfrac{155.34\times3\%\times800\times1.015}{10000}=2.678$（万元）。

（4）分项工程 E 的应纳增值税额：$3.012-2.678=0.334$（万元）。

4. 第 4 小题

（1）合同价增减额：

1）分部分项工程项目合同价增减额：$\dfrac{398.45\times800\times1.05\times1.09}{10000}=36.482$（万元）。

2）措施项目合同价增减额：$36.482\times6\%+2\times1.05\times1.09=4.478$（万元）。

3）其他项目合同价增减额：$-8\times1.05\times1.09=-9.156$（万元）。

4）合同价增减额：$36.482+4.478-9.156=31.804$（万元）。

（2）工程竣工结算价：

1）工程竣工结算价第一种方法：$(99.8+15+16.888)\times1.05\times1.09+36.482+4.478=191.677$（万元）。

2）工程竣工结算价第二种方法：$159.873+31.804=191.677$（万元）。

（3）竣工结算时发包人应支付给承包人的结算尾款：$191.677-(191.677-4.478)\times90\%=23.198$（万元）。

【强化训练 3】新增项目、销项税额、进项税额、总价措施项目调整、实际发生金额在结算前均结算调整

某工程项目发承包双方签订了建设工程施工合同。工期 5 个月，有关工程价款及其支付条款约定如下：

1．工程价款：

（1）分项工程项目费用 79.000 万元，包括 A、B、C、D 四项。费用数据与施工进度计划见表 6-3。

（2）单价措施项目费用 16.000 万元。

（3）总价措施项目费用含有安全文明施工费及其余总价措施项目费。其中安全文明施工费按分项工程和单价措施项目费用之和的 6% 计取，其余总价措施项目费用按分项工程费用的 8% 计取。

（4）暂列金额 9.000 万元。

（5）上述工程费用均不包含增值税可抵扣进项税额。

（6）管理费和利润按人材机费用之和的 16%，规费按不含税人材机费用与管理费、利润之和的 7%，增值税税率为 9%。

第六章
强化训练 3、4

各月分项工程造价数据与施工进度计划表 表 6-3

名称			月度	施工进度计划（单位：月）				
分项工程	工程量	综合单价	合价（万元）	1	2	3	4	5
A	600m³	220 元/m³	13.200					
B	900m²	350 元/m²	31.500					
C	1000m³	280 元/m³	28.000					
D	700m³	90 元/m³	6.300					
合计			79.000	分项工程计划进度均为匀速进度				

2. 工程款支付方面：

（1）开工前 10 日内，发包人按签约合同价（扣除暂列金额和总价措施项目费）的 30% 支付给承包人作为预付款（在第 1～3 月的工程款中分别按预付款的 20%、40%、40% 扣回）。

（2）开工后 10 日内，发包人应向承包人支付总价措施项目费签约合同价的 40%，其余措施项目费工程款在第 2～5 月平均支付。

（3）分项工程项目工程款逐月结算。

（4）措施项目费根据变化值在第 5 月结算时调整并支付。

（5）其他项目工程款在发生当月支付。

（6）发包人按承包人每次应得工程款的 85% 支付。

（7）竣工验收通过后 30 天内进行工程结算，扣留工程总造价的 3% 作为质量保证金，其余工程款作为竣工结算最终付款一次性结清。

3. 该工程如期开工，施工中发生了经发承包双方确认的下列事项：

（1）分项工程 B 在第 2、3、4 月分别完成总工程量的 40%、40%、20%。

（2）第 2 月发生合同外零星工作，现场签证费 6.8 万元。

（3）第 3 月新增分项工程 E，工程量为 350m²，每平方米不含税人工和机械的费用为 170 元，每平方米所需含税材料费用为 180 元；每平方米机械费可抵扣进项税额为 10 元，每平方米材料费可抵扣进项增值税综合税率为 5%；相应的单价措施项目费用为 2.000 万元。

（4）其余工程内容的施工时间、工程量和价款均与签约合同相符。

问题：

1. 安全文明施工费、总价措施项目费为多少万元？签约合同价为多少万元？开工前发包人应支付给承包人的预付款为多少万元？

2. 施工至第 2 月末，发包人累计应支付合同价款为多少万元？第 2 月分项工程 B 进度偏差（不考虑措施项目费用的影响）为多少万元？

3. 分项工程 E 的综合单价为多少元/m²，该分项工程费为多少万元？计算分项工程的销项税额、可抵扣进项税额和应纳增值税额分别为多少万元？

4. 分项工程项目、措施项目合同额增减额分别为多少万元？该工程的竣工结算价为多少万元？竣工结算时发包人应支付给承包人的结算尾款为多少万元？（计算过程和结果有小数时，以元为单位的保留两位小数，以万元为单位的保留三位小数）

【答案解析】

1. 难度指数：☆☆☆

2. 本题考查内容：

（1）因新增项目调整综合单价，详见本篇"（二）详解考点第六章 2.1 综合单价"。

（2）总价措施项目费调整额随计取基数和总价措施项目费增加两种方式调整总价措施项目费，详见本篇"（二）详解考点第六章 3.2 措施项目费增减额"。

（3）销项税额、进项税额、应纳增值税额，详见本篇"（二）详解考点第六章 2.4 增值税额"。

（4）实际发生金额在结算时均结算调整，详见本篇"（二）详解考点第六章 3.5 竣工结算尾款"。

【答案】

1. 第 1 小题

(1) 安全文明施工费、总价措施项目费：

1) 安全文明施工费：$(79+16) \times 6\% = 5.700$（万元）。

2) 其余总价措施项目费：$79 \times 8\% = 6.320$（万元）。

3) 总价措施项目费：$5.700 + 6.320 = 12.020$（万元）。

(2) 签约合同价：$(79+16+12.020+9) \times (1+7\%) \times (1+9\%) = 135.314$（万元）。

(3) 预付款：$[135.314 - (9+12.020) \times (1+7\%) \times (1+9\%)] \times 30\% = 33.240$（万元）。

2. 第 2 小题

(1) 施工至第 2 个月，发包人累计应支付合同价款：

1) 累计分部分项工程费：$13.20 + 31.50 \times 40\% + 28 \times 1/3 = 35.133$（万元）。

2) 累计措施项目费：$12.020 \times 40\% + \dfrac{12.020 \times 60\% + 16}{4} = 10.611$（万元）。

3) 累计其他项目费：6.800（万元）。

4) 累计应支付合同价款：$(35.133 + 10.611 + 6.800) \times (1+7\%) \times (1+9\%) \times 85\% - 33.240 \times 60\% = 32.146$（万元）。

(2) 第 2 月分项工程 B 进度偏差：$31.50 \times 40\% \times (1+7\%) \times (1+9\%) - 31.50 \times 50\% \times (1+7\%) \times (1+9\%) = -3.674$（万元）。

3. 第 3 小题

(1) 分项工程 E 的综合单价：$(170 + 180/1.05) \times (1+16\%) = 396.06$（元/m²）。

(2) 分项工程费：$\dfrac{396.06 \times 350}{10000} = 13.862$（万元）。

(3) 销项税额：$(13.862 + 2) \times (1+7\%) \times 9\% = 1.528$（万元）。

(4) 可抵扣进项税额：$\dfrac{(10 + 180/1.05 \times 5\%) \times 350}{10000} = 0.650$（万元）。

(5) 应纳增值税额：$1.528 - 0.650 = 0.878$（万元）。

4. 第 4 小题

(1) 分部分项工程项目、措施项目合同额增减额：

1) 分部分项工程项目合同额增减额：$13.862 \times (1+7\%) \times (1+9\%) = 16.167$（万元）。

2) 单价措施项目合同额增减额：$2 \times (1+7\%) \times (1+9\%) = 2.333$（万元）。

3) 安全文明施工项目合同额增减额：$(16.167 + 2.333) \times 6\% = 1.110$（万元）。

4) 其余总价措施项目合同额增减额：$16.167 \times 8\% = 1.293$（万元）。

5) 措施项目合同额增减额：$2.333 + 1.110 + 1.293 = 4.736$（万元）。

(2) 竣工结算价：

1) 竣工结算价第一种方法：$135.314 + 16.167 + 4.736 + 6.8 \times (1+7\%) \times (1+9\%) - 9 \times (1+7\%) \times (1+9\%) = 153.651$（万元）。

2) 竣工结算价第二种方法：$(79+16+12.020+6.8) \times (1+7\%) \times (1+9\%) + 4.736 + 16.167 = 153.651$（万元）。

（3）竣工结算尾款：$153.651 \times (1-3\%-85\%)=18.438$（万元）。

【强化训练4】工程量偏差超过15%，专业工程及总承包服务费、实际发生金额在结算前均结算调整

某工程项目发承包双方签订了建设工程施工合同。工期5个月，有关工程价款及其支付条款约定如下：

1. 工程价款：

（1）分项工程项目费用135.600万元，包括A、B、C、D四项，清单工程量分别为800m^2、900m^3、1100m^3、1000m^3，综合单价分别为300元/m^2、420元/m^3、380元/m^3、320元/m^3。当分项工程项目工程量增加（或减少）幅度超过15%时，综合单价调整系数为0.9（或1.1）。

（2）单价措施项目费用18.000万元，包括分项工程B、C、D三项配套的单价措施项目费用，其单价措施项目费用分别为5.000万元、7.000万元、6.000万元，该费用根据各分项的工程量变化同比例变化，在第5月调整并支付。

（3）总价措施项目费用15.000万元，包括安全文明施工费及其他总价措施项目费。其中安全文明施工费按分项工程和单价措施项目费用之和的6%计取（随计取基数的变化在第5月调整并支付），其余总价措施项目费用不予调整。

（4）其他项目费用合计27.000万元，包括暂列金额6.000万元和专业工程暂估价20.000万元（另计总承包服务费5%）。

（5）上述工程费用均不包含增值税可抵扣进项税额。

（6）管理费和利润按人材机费用之和的15%，规费按不含税人材机费用与管理费、利润之和的5%，增值税税率为9%。

2. 工程款支付方面：

（1）开工前，发包人按签约合同价（扣除暂列金额和安全文明施工费）的20%支付给承包人作为预付款（在施工期间的第2～4月的工程款中平均扣回），同时将安全文明施工费的70%按工程款支付方式提前支付给承包人。

（2）分项工程项目工程款逐月结算支付。

（3）单价措施项目工程款逐月支付，开工前提前支付的安全文明施工费工程款之外的总价措施项目工程款，在施工期间的第1～4月平均支付。

（4）其他项目工程款在发生当月结算支付。

（5）发包人按每次承包人应得工程款的85%支付。

（6）竣工验收通过后30天内进行工程结算，扣留工程总造价的3%作为质量保证金，其余工程款作为竣工结算最终付款一次性结清。

施工期间分项工程计划和实际进度见表6-4。

该工程如期开工，施工中发生了经发承包双方确认的下列事项：

第4月经发承包双方共同确认：分包专业工程费用为26.6万元（不含可抵扣的进项税额）。

问题：

1. 签约合同价为多少万元？安全文明施工费工程款为多少万元？开工前发包人应支

付给承包人的预付款和安全文明施工费工程款分别为多少万元？

施工期间各月分部分项工程计划和实际完成工程量及单价措施项目计划费用表　　表6-4

分项工程		施工周期（月）					合计
		1	2	3	4	5	
A	计划工程量（m²）	400	400				800
	实际工程量（m²）	200	300	300			800
B	计划工程量（m³）		400	500			900
	实际工程量（m³）		300	400	150		850
C	计划工程量（m³）		400	300	400		1100
	实际工程量（m³）		200	300	600	200	1300
D	计划工程量（m³）				500	500	1000
	实际工程量（m³）				600	400	1000
单价措施项目		4.000	5.000	3.000	6.000	调整并支付其余单价措施	

2. 施工至第3月末，承包人累计完成分部分项工程工程款为多少万元？发包人累计应支付承包人工程款（包括开工前支付的工程款）为多少万元？第3月C分项工程进度偏差为多少万元？

3. 分部分项工程、措施项目工程、专业工程（含总承包服务费）合同价增减额为多少万元？

4. 该工程的竣工结算价为多少万元？如果在开工前和施工期间发包人均已按合同约定支付了承包人预付款和各项工程款，则竣工结算时，发包人完成结清支付时，应支付给承包人的结算款为多少万元？（计算过程和结果均保留三位小数）

【答案解析】

1. 难度指数：☆☆

2. 本题考查内容：

（1）因工程量偏差引起分部分项工程费调整，详见本篇"（二）详解考点第六章3.1分部分项工程费调整额"。

（2）总价措施项目费调整额随计取基数调整，详见本篇"（二）详解考点第六章3.2措施项目费增减额"。

（3）其他项目费增减额，详见本篇"（二）详解考点第六章3.3合同价增减额"。

【答案】

1. 第1小题

（1）签约合同价：$(135.6＋18＋15＋27)×1.05×1.09＝223.864$（万元）。

（2）安全文明施工费工程款：$(135.6＋18)×6‰×1.05×1.09＝10.548$（万元）。

（3）预付款：$[223.864－(10.548＋6×1.05×1.09)]×20\%＝41.290$（万元）。

（4）开工前应支付安全文明施工费工程款：$10.548×70\%×85\%＝6.276$（万元）。

2. 第2小题

（1）施工至第3月末，承包人累计完成的分部分项工程款：$\dfrac{800×300＋700×420＋500×380}{10000}×$

$1.05×1.09＝82.862$（万元）。

（2）发包人累计应支付承包人工程款（包括开工前支付的工程款）：

1）承包人累计完成分部分项工程款：82.862（万元）。

2）安全文明施工费：$(135.6+18)\times 6\%=9.216$（万元）。

3）承包人累计完成措施项目工程款：$\left(12+\dfrac{15-9.216\times 70\%}{4}\times 3\right)\times 1.05\times 1.09=$ 21.072（万元）。

4）承包人累计已完工程款：$82.862+21.072=103.934$（万元）。

5）应支付承包人累计工程款（不含开工前应支付工程款）：$103.934\times 85\%-41.290\times 2/3=60.817$（万元）。

6）应支付承包人累计工程款（含开工前应支付工程款）：$60.817+6.276=67.093$（万元）。

（3）第3月C分项工程进度偏差：$\dfrac{500\times 380}{10000}\times 1.05\times 1.09-\dfrac{700\times 380}{10000}\times 1.05\times 1.09=$ -8.698（万元）。

3. 第3小题

（1）分部分项工程合同价增减额：

1）B分项工程增减额：$\dfrac{(850-900)\times 420}{10000}=-2.100$（万元）。

2）C分项工程增减额：$\dfrac{1100\times 15\%\times 380+(1300-1100\times 1.15)\times 0.9\times 380}{10000}=7.467$ （万元）。

3）分项工程合同价增减额：$(-2.1+7.467)\times 1.05\times 1.09=6.143$（万元）。

（2）措施项目合同价增减额：

1）单价措施项目增减额：$-\dfrac{5\times 50}{900}+\dfrac{7\times 200}{1100}=0.995$（万元）。

2）总价措施项目增减额：$(0.995+7.467-2.1)\times 6\%=0.382$（万元）。

3）措施项目合同价增减额：$(0.995+0.382)\times 1.05\times 1.09=1.576$（万元）。

（3）专业工程（含总承包服务费）合同价增减额：$26.6\times 1.05\times 1.05\times 1.09-20\times 1.05\times 1.05\times 1.09=7.931$（万元）。

4. 第4小题

（1）竣工结算价：

1）第一种方法：$(135.6+18+15)\times 1.05\times 1.09+6.143+1.576+26.6\times 1.05\times 1.05\times 1.09=232.648$（万元）。

2）第二种方法：

① 暂列金额合同价增减额：$-6\times 1.05\times 1.09=-6.867$（万元）。

② 竣工结算价：$223.864+6.143+1.576+7.931-6.867=232.647$（万元）。

（2）竣工结算尾款：$232.648/232.647\times (1-3\%-85\%)=27.918$（万元）。